Auto CAD   Auto CAD   Auto CAD   Auto CAD   Auto CAD   Auto CAD   Auto CAD   Auto CAD   Auto CAD   Auto CAD   Auto CAD

Auto CAD

설정사항 · 기본 조작법 · 명령어 익히기 등
오토캐드 입문자를 기준으로 쉽게 접하고
따라할 수 있도록 내용 설명

입문

도서출판
월송

머리말

오토 캐드(AutoCAD)는 미국 오토 데스크(Auto Desk)사가 개발한 컴퓨터 지원 설계 (Computer Aided Design)프로그램으로 개인용 컴퓨터(PC)용으로 개발한 최초의 주요 CAD 프로그램의 하나로 업계 표준이 되었다. 또한 기능이 많아 사용자 선택의 폭이 넓은 편이고 자체 프로그래밍도 가능해 대형 컴퓨터에 밀리지 않는 양질의 결과물을 얻을 수 있어 기계, 건축, 전기, 토목 등 산업계 표준으로 널리 사용된다. 많은 산업계에서 표준으로 사용할 만큼 오토 캐드는 산업에서 가장 기초적이면서 가장 중요 요소 중 하나라고 볼 수 있다.

본 교재는 오토 캐드 시작 전 설정사항부터 기본 조작법, 명령어 익히기 등 오토 캐드를 처음 접하는 사람을 기준으로 누구나 쉽게 오토 캐드를 접하고 따라할 수 있도록 내용을 설명하였다. 산업계의 많은 분야에서 사용하고 가장 기초적이며, 중요한 요소이기 때문에 처음 산업계에 뛰어든 많은 인제들이 오토 캐드로 인하여 어려움을 겪을 수 있다. 이런 점을 해결하고자 처음 접하는 초보자들이 어려움 없이 접하도록 그림을 기반으로 설명 하였다. 또한 기능 설명을 보면서 따라하고 예제를 따라 그려봄으로서 초보자들이 자연스럽고 쉽게 오토 캐드의 실력 향상과 숙달이 되도록 편찬하였다.

본 교재를 보며 오토 캐드의 기본적 지식을 익혀 많은 산업계의 유능한 오토 캐드 사용자가 되어 산업 현장의 일꾼으로 미래 산업에 중추적인 역할을 하는 기술자가 되길 소망합니다.

끝으로 본 교재를 출간함에 있어 도움을 주신 많은 분들에게 감사드립니다.

저자일동

차 례

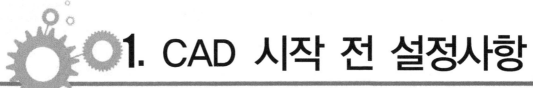

1. CAD 시작 전 설정사항

AUTOCAD 입문

1-1. 캐드 설치 후 기본 화면

1-2. 2차원 기본화면 설정 방법

1) 2D 제도 및 주석 클릭 후 "AutoCAD 클래식" 선택

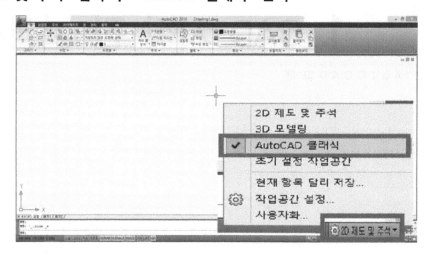

2) AutoCAD 클래식 적용 화면

1-3. 기본 툴 설정

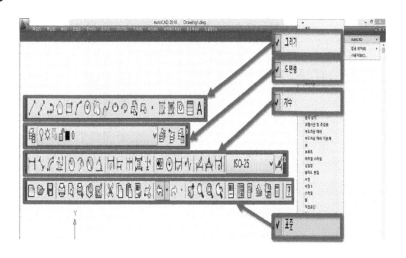

1-4. 옵션 설정 하기

명령: option (단축키 : OP) [Enter↵]

1) 파일 탭 설정 사항

"자동 저장 파일 위치" 를 컴퓨터의 "D 드라이브"에 "폴더"를 만들어서 설정.

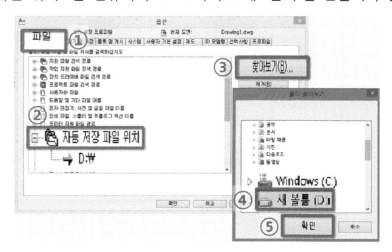

2) 화면표시

가) "윈도우 요소" - "색상" 설정

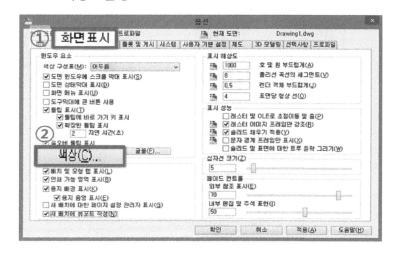

① "2D 모형 공간" - "균일한 배경" - "검은색"

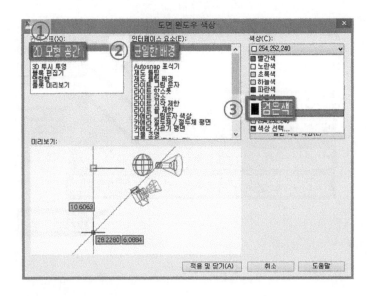

② "시트 / 배치" - "균일한 배경" - "검은색"

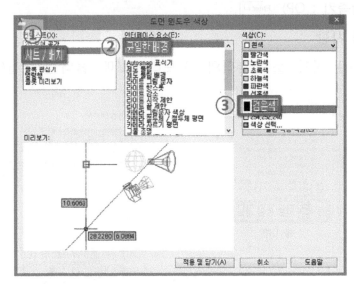

③ "3D 평행 투영" - "균일한 배경" - "검은색" - "적용 및 닫기"

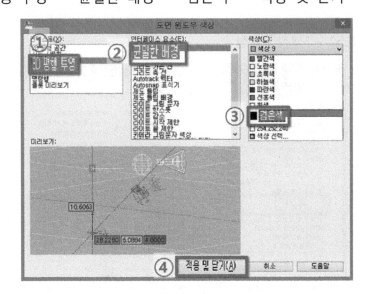

3) 사용자 기본설정 탭

가) 사용자 기본 설정

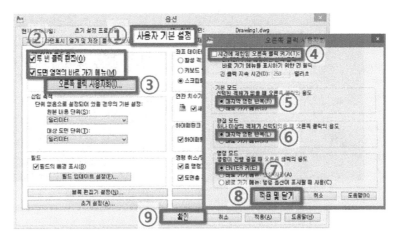

① 사용자 기본 설정 탭 선택

② 두 번 클릭 편집 및 도면 영역의 바로 가기 메뉴 체크

③ 오른쪽 클릭 사용자화 클릭

④ 시간에 제한된 오른쪽 클릭 켜기 선택 해제

⑤, ⑥ 마지막 명령 반복 선택

⑦ Enter키 선택

⑧ 적용 및 닫기

⑨ 확인

4) 선택사항

가) 확인란 크기

① 1/3 정도의 위치로 이동

나) 명령어 실행법 (명령어 및 크기설정은 두 가지 방법중 한 가지만 선택한다.)

① 명령: pickbox [Enter↵]

② PICKBOX에 대한 새 값 입력 <6>: 7 [Enter↵]

1-5. 상태 표시줄 설정 하기

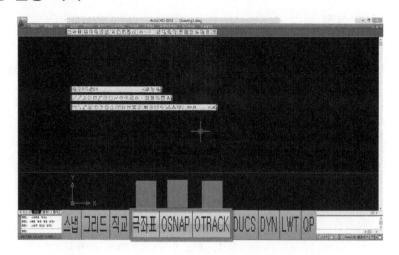

① 극좌표 추적하기
② 객체스냅
③ 객체스냅 추적하기

1-6. 객체 스냅 설정

작성된 객체의 특정 좌표를 찾아 객체를 연결하거나 편집을 하는 경우 정확한 점을 지정할 수 없다. 이런 경우 객체스냅을 이용한다. 즉, 객체의 특정한 좌표(점)를 찾아주는 기능이다. 이 기능은 단독으로 쓰이지 않고 명령어 실행 중에 점(포인트)의 지정을 요구할 때(첫 번째 점 지정, 원의 중심점 지정 등)에 사용한다.

명령: osnap (단축키 명령어 : OS) Enter↵

1) 객체 스냅 모드 설정

상태 막대에 그리기 도구의 바로 가기 메뉴에서 OSNAP 항목을 마우스 오른쪽 버튼을 누르고 설정을 누르면 객체스냅 제도 설정 대화상자가 나온다. 창이 나오면 본인이 원하는 객체스냅을 선택한 뒤 확인을 누르고 사용한다. (단 OSNAP 항목이 ON 되어 있어야 한다.)

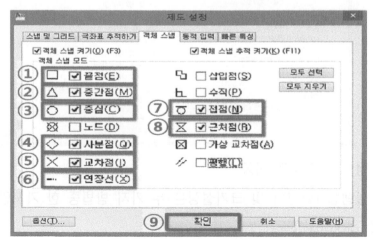

①끝점 ②중간점 ③중심 ④ 사분점 ⑤교차점 ⑥연장선 ⑦접점 ⑧근처점 ⑨확인

2) 객체스냅 제도 설정 대화상자(기호의 예)

☐ 끝점 : 선분이나 호의 가장 가까운 끝점을 찾는다.

△ 중간점: 선분이나 호의 중간점을 찾는다.

◯ 중심 : 원, 호, 타원의 중심점을 찾는다.

✕ 교차점 : 선분, 원, 호 등 객체사이의 교차점을 찾는다.

━‥ 연장선 : 객체가 존재하지는 않지만 선택한 객체의 연장선상의 한 점을 찾는다.

3) 단축키 메뉴를 이용한 사용법

포인트 입력을 요구하는 시점에서 키보드의 <Ctrl>키나 <Shift>키를 누르고 마우스의 오른쪽 버튼을 클릭하면 객체스냅 메뉴가 나타난다. 마찬가지로 원하는 객체스냅 종류를 선택한 뒤 사용한다.

1-7. 종이의 중심 맞추기

명령: Z [Enter↵]

윈도우 구석을 지정, 축척 비율 (nX 또는 nXP)을 입력, 또는

[전체(A)/중심(C)/동적(D)/범위(E)/이전(P)/축척(S)/윈도우(W)/객체(O)] <실시간>: A [Enter↵]

1-8. 도면층 설정하기

도면을 작도하면서 없어서는 안 될 아주 중요한 기능

레이어의 정의는 회사마다 다름.

1) 도면층 불러오기

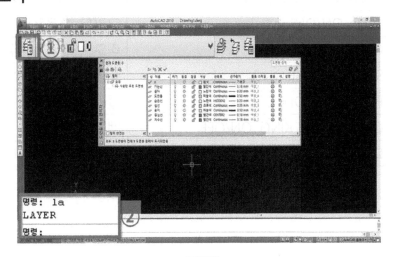

① 명령: layer (단축키 명령어 : LA) [Enter↵]

② 아이콘 선택

③ 매뉴 막대에서 선택 (매뉴 -> 형식-> 도면층)

2) 도면층 설정사항

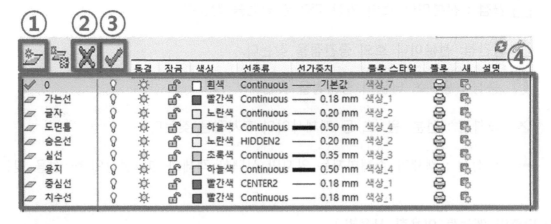

① 도면층 생성 단축키

② 도면층 삭제 단축키

③ 현재 사용 도면층 선택 (더블 클릭을 통하여 선택 가능)

④ 도면층을 그림과 같이 설정

1-8. 기능키(FUNCTION KEY)설명

기능키	명령	내용
F1	HELP	도움말 보기
F2	TEXT WINDOW	커멘드 창 띄우기
F3	OSNAP ON/OFF	객체스냅 사용유무
F4	TABLET ON/OFF	타블렛 사용유무
F5	ISOPLANE	2.5차원 방향 변경
F6	DYNAMIC UCS ON/OFF	자동 UCS 변경 사용유무
F7	GRID ON/OFF	그리드 사용유무
F8	ORTHO ON/OFF	직교모드 사용유무
F9	SNAP ON/OFF	도면 스냅 사용유무
F10	POLAR ON/OFF	폴라 트레킹 사용유무
F11	OSNAP TRACKING ON/OFF	객체스냅 트레킹 사용유무
F12	DYNAMIC INPUT ON/OFF	다이나믹 입력 사용유무

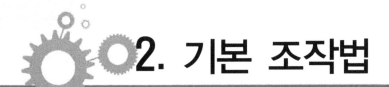

2. 기본 조작법

AUTOCAD입문

2-1. 마우스 사용법

① 마우스 왼쪽

객체선택, 그리기 실행, CAD 메뉴 선택, 아이콘 선택

② 화면 확대 축소 (명령 : zoom, 단축키 명령어 : Z)

1) 확대 : 마우스 휠 [↑]

2) 축소 : 마우스 휠 [↓]

화면이동 (명령 : pan, 단축키 명령어 : P)

마우스 휠을 눌러서 이동

③ 마우스 오른쪽

사용하기 위해서는 "OP"에서 설정을 해야 함. [1.4 3) 참조]

2-2. 객체의 선택 방법

1) Window

객체가 사각형 안쪽에 모두 포함이 되어야 선택가능

객체의 왼쪽에서 오른쪽으로 선택

2) Crossing

객체가 선택 사각형에 조금이라도 포함이 되어 있으면 선택가능

객체의 오른쪽에서 왼쪽으로 선택

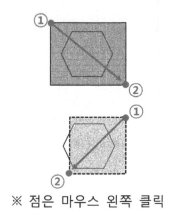

※ 점은 마우스 왼쪽 클릭

2-3. 키보드 사용법

① 키보드 자판으로 커멘드 라인 명령어 입력

"[Enter↵]"키를 사용해서 명령을 실행. ("[Space Bar]"도 같은 기능)

② 단축키 실행

오토캐드의 긴 명령을 짧게 줄여서 사용하도록 단축 명령이 정의된 파일 (Program Parameters File)

2-4. 다중선택 및 해제

① 객체의 다중 선택은 마우스 왼쪽 버튼

사용으로 다중 선택이 가능

② "Shift" 키를 누르고 마우스 왼쪽

클릭으로 객체의 선택 해제가 가능

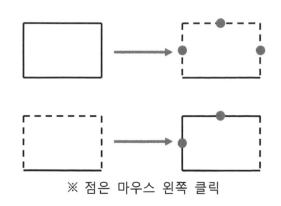

※ 점은 마우스 왼쪽 클릭

2-5. 명령의 취소

입력된 명령을 취소 할 때는 [Esc]

2-6. 실행취소

명령 : undo (단축키 명령어 : U) [Enter↵]

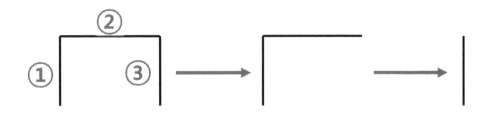

① -> ② -> ③ 순으로 작도된 객체를 undo명령으로 최근에 작도된 상태의 역순으로 되돌린다.
(③ -> ② -> ①)

2-7. 실행취소 복원

1번만 실행 가능.

명령 : REDO [Enter↵]

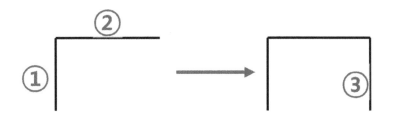

마지막에 실행된 명령을 1회에 한하여 REDO명령으로 실행된 명령을 취소시킨다.

3. AUTO CAD 명령어 익히기

AUTOCAD입문

3-1. 선 그리기

명령 : line (단축키 명령어 : L)

<사용법>

명령: **L** [Enter↵]

첫 번째 점 지정: **화면상의 임의의 한 점을 클릭**

다음 점 지정 또는 [명령 취소(U)]: **2번점 클릭**

다음 점 지정 또는 [명령 취소(U)]: **3번점 클릭**

다음 점 지정 또는 [닫기(C)/명령 취소(U)]: **1번점 클릭**

다음 점 지정 또는 [닫기(C)/명령 취소(U)]: **종료시에는** [Enter↵]

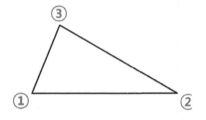

1) 직선 그리기

명령: **L** [Enter↵]

첫 번째 점 지정: **임의의 1번점 클릭**

다음 점 지정 또는 [명령 취소(U)]: **2번점 클릭**

다음 점 지정 또는 [명령 취소(U)]: [Enter↵]

명령: [Enter↵]

LINE 첫 번째 점 지정: **3번점 클릭**

다음 점 지정 또는 [명령 취소(U)]: **4번점 클릭**

다음 점 지정 또는 [명령 취소(U)]: [Enter↵]

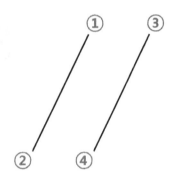

2) 닫힌 직선 그리기

명령: **L** [Enter↵] 첫 번째 점 지정: **임의의 점 클릭(1번점)**

다음 점 지정 또는 [명령 취소(U)]: **2번점 클릭**

다음 점 지정 또는 [명령 취소(U)]: **3번점 클릭**

다음 점 지정 또는 [닫기(C)/명령 취소(U)]: **4번점 클릭**

다음 점 지정 또는 [**닫기(C)**/명령 취소(U)]: **C** [Enter↵]

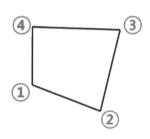

3-2. 좌표의 종류

1) 절대좌표

화면상에 하나밖에 없는 점. 변하지 않는 점.

입력방법) **X, Y**

예) 절대좌표를 이용해서 사각 형 그리기

명령: **L** Enter↵

첫 번째 점 지정: **10, 10** (입력) Enter↵

(1번 점의 좌표를 입력)

다음 점 지정 또는 [명령 취소(U)]: **20, 10** (입력) Enter↵

(2번 점의 좌표를 입력)

다음 점 지정 또는 [명령 취소(U)]: **20, 20** (입력) Enter↵

(3번 점의 좌표를 입력)

다음 점 지정 또는 [닫기(C)/명령 취소(U)]: **10, 20** (입력) Enter↵

(4번 점의 좌표를 입력)

다음 점 지정 또는 [닫기(C)/명령 취소(U)]: **C** Enter↵

(첫 점으로 연결 후 명령 종료)

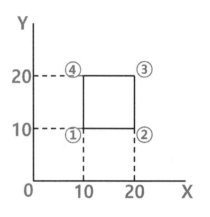

2) 상대좌표

화면상의 임의의 한 점에서 시작해서 다음점까지의 X,Y의 변화량을 입력

입력방법) @X,Y (X 축의 변화량, Y축의 변화량)

명령: **L** Enter↵

첫 번째 점 지정: **임의의 한 점 클릭**

(1번 점 입력)

다음 점 지정 또는 [명령 취소(U)]: **@10,0** Enter↵

(2번 점의 좌표를 입력)

다음 점 지정 또는 [명령 취소(U)]: **@0,10** Enter↵

(3번 점의 좌표를 입력)

다음 점 지정 또는 [닫기(C)/명령 취소(U)]: **@-10,0** Enter↵

(4번 점의 좌표를 입력)

다음 점 지정 또는 [닫기(C)/명령 취소(U)]: **C** Enter↵

(첫 점으로 연결 후 명령 종료)

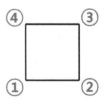

3) 상대극좌표

화면상의 임의의 한 점에서 시작해서 다음점까지의 거리와 각도를 입력.

입력방법) @길이<각도

명령: **L** [Enter↵]

첫 번째 점 지정: **임의의 한 점 클릭**

(1번 점 입력)

다음 점 지정 또는 [명령 취소(U)]: **@10<0** [Enter↵]

(2번 점의 극좌표를 입력)

다음 점 지정 또는 [명령 취소(U)]: **@10<90** [Enter↵]

(3번 점의 극좌표를 입력)

다음 점 지정 또는 [닫기(C)/명령 취소(U)]: **@10<180** [Enter↵]

(4번 점의 극좌표를 입력)

다음 점 지정 또는 [닫기(C)/명령 취소(U)]: **C** [Enter↵]

(첫 점으로 연결 후 명령 종료)

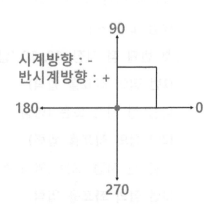

4) 직교좌표

화면상의 임의의 점에서 마우스를 이용하여 가려고하는 방향을 지지한 후 거리를 입력

명령: **L** [Enter↵]

첫 번째 점 지정: **임의의 한 점 클릭**

(1번 점 입력)

마우스 커서를 객체의 왼쪽으로 둔 뒤

다음 점 지정 또는 [명령 취소(U)]: **10** [Enter↵]

(2번 점의 좌표를 입력)

마우스 커서를 객체의 상측으로 둔 뒤

다음 점 지정 또는 [명령 취소(U)]: **10** [Enter↵]

(3번 점의 좌표를 입력)

마우스 커서를 객체의 오른쪽으로 둔 뒤

다음 점 지정 또는 [닫기(C)/명령 취소(U)]: **10** [Enter↵]

(4번 점의 좌표를 입력)

다음 점 지정 또는 [닫기(C)/명령 취소(U)]: **C** [Enter↵]

(첫 점으로 연결 후 명령 종료)

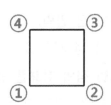

3-3. 무한선 그리기

명령 : xline (단축키 명령어 : XL)

<사용법>

1) 무한선 그리기

명령: **XL** Enter↵

첫 번째 점 지정: **임의의 1번점 클릭**

통과점을 지정: **2번점 클릭**

첫 번째 점 지정: **3번점 클릭**

통과점을 지정: Enter↵

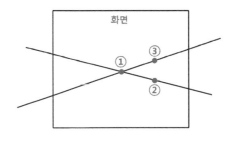

2) 무한선 수직 그리기

명령: **XL** Enter↵

F8 (직교모드 ON)

첫 번째 점 지정: **임의의 1번점 클릭**

통과점을 지정: **2번점 클릭**

첫 번째 점 지정: **3번점 클릭**

통과점을 지정: Enter↵

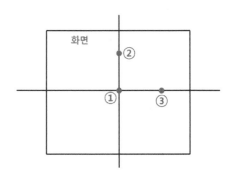

<XLINE 옵션>

XLINE 점을 지정 또는 [수평(H)/수직(V)/각도(A)/이등분(B)/간격띄우기(O)]:

① 수평(H) : 무한선을 수평으로 생성

② 수직(V) : 무한선을 수직으로 생성

③ 각도(A) : 입력한 각도만큼의 각을 가진 무한선 생성

④ 이등분(B) : 생성위치를 선택한 뒤 각도의 시작점과 끝점을 선택하면 각도의 중간점에 무한선 생성

⑤ 간격띄우기(O) : 객체와의 간격을 입력하고 객체를 선택 후 이송 방향을 선택하면 객체와 입력한 간격만큼 떨어진 위치에 무한선이 생성된다.

3-4. 원

명령 : circle (단축키 명령어 : C)

<사용법>

1) 반지름을 이용한 원

명령: **C** [Enter↵]

원에 대한 중심점 지정 또는 [3점(3P)/2점(2P)/Ttr - 접선 접선 반지름(T)]: **임의의 한점 클릭**

원의 반지름 지정 또는 [지름(D)]: **15 입력** [Enter↵]

2) 지름을 이용한 원

명령: **C** [Enter↵]

원에 대한 중심점 지정 또는 [3점(3P)/2점(2P)/Ttr - 접선 접선 반지름(T)]: **임의의 점 클릭**

원의 반지름 지정 또는 [지름(D)] <15.0000>: **D** [Enter↵] 원의 지름을 지정함 <30.0000>: **60 입력** [Enter↵]

3) 2점을 이용한 원

명령: **C** [Enter↵]

원에 대한 중심점 지정 또는

[3점(3P)/2점(2P)/Ttr - 접선 접선 반지름(T)]: **2P** [Enter↵]

원 지름의 첫 번째 끝점을 지정: **임의의 한 점을 클릭**

원 지름의 두 번째 끝점을 지정: **다른 한 점을 클릭**

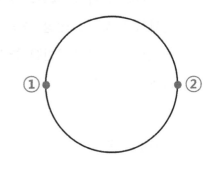

4) 3점을 이용한 원

명령: **C** [Enter↵]

원에 대한 중심점 지정 또는

[3점(3P)/2점(2P)/Ttr - 접선 접선 반지름(T)]: **3P** [Enter↵]

원 위의 첫 번째 점 지정: **1번 점 클릭**

원 위의 두 번째 점 지정: **2번 점 클릭**

원 위의 세 번째 점 지정: **3번 점 클릭**

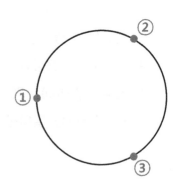

5) 접선 접선 반지름을 이용한 원

명령: **C** Enter↵

원에 대한 중심점 지정 또는

[3점(3P)/2점(2P)/Ttr - 접선 접선 반지름(T)]: **T** Enter↵

원의 첫 번째 접점에 대한 객체위의 점 지정: **1번 점 클릭**

원의 두 번째 접점에 대한 객체위의 점 지정: **2번 점 클릭**

원의 반지름 지정: 30 **반지름 입력** Enter↵

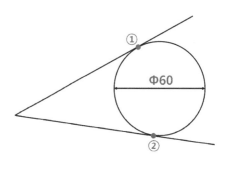

6) 접선 접선 접선 을 이용한 원

① 풀다운 메뉴를 사용

"그리기" - "원" - "접선 접선 접선" 선택

단축키처럼 사용하는 방법

Alt - "D" - "C" - "A"

② 명령어 사용

명령: **C** Enter↵

원에 대한 중심점 지정 또는

[3점(3P)/2점(2P)/Ttr - 접선 접선 반지름(T)]: 3p

원 위의 첫 번째 점 지정: **1번점 클릭**

원 위의 두 번째 점 지정: **2번점 클릭**

원 위의 세 번째 점 지정: **3번점 클릭**

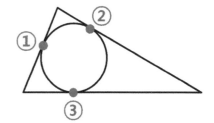

3-5. 호 그리기

명령 : arc (단축키 명령어 : A)

주의! 시작점을 기준으로 반시계방향으로 작도 된다.

<자주 사용하는 방법>

1) 3점

명령: A Enter↵

ARC 호의 시작점 또는 [중심(C)] 지정: **1번점 클릭**

호의 두 번째 점 또는 [중심(C)/끝(E)] 지정: **2번점 클릭**

호의 끝점 지정: **3번점 클릭**

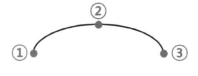

2) 시작점, 중심점, 끝점

명령: A [Enter↵]

ARC 호의 시작점 또는 [중심(C)] 지정: **1번점 클릭**

호의 두 번째 점 또는 [중심(C)/끝(E)] 지정: **C 2번점 클릭**

호의 끝점 지정 또는 [각도(A)/현의 길이(L)]: **3번점 클릭**

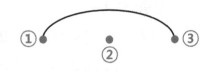

3-6. 타원

명령 : ellipse (단축키 명령어 : EL)

1) 한 축의 양 끝점과 다른 한 축의 한 끝점을 이용한 방법

명령: EL [Enter↵]

타원의 축 끝점 지정 또는 [호(A)/중심(C)]:

1,2번 클릭 후 3번 클릭

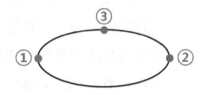

2) 타원의 중심과 각 축의 한 끝점을 이용한 방법

명령: EL [Enter↵]

타원의 축 끝점 지정 또는 [호(A)/중심(C)]: C [Enter↵]

1,2,3번 차례대로 클릭

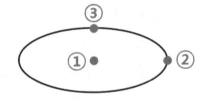

3) 타원의 호를 작도하는 방법

명령: EL [Enter↵]

타원의 축 끝점 지정 또는 [호(A)/중심(C)]: A [Enter↵]

1,2번 클릭 후 3번 클릭 후

타원 호의 시작점과 끝점을 차례대로 클릭

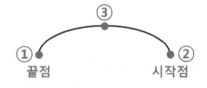

3-7. RECTANGLE 사각형 그리기 REC (예제2)

명령 : rectangle (단축키 명령어 : REC)

1) 사각형 그리기

명령: **REC** [Enter↵]

첫 번째 구석점 지정 또는

[모따기(C)/고도(E)/모깎기(F)/두께(T)/폭(W)]: **임의의 한 점 클릭**

다른 구석점 지정 또는

[영역(A)/치수(D)/회전(R)]: **다른 점 클릭**

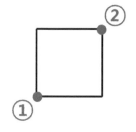

2) 한 변의 길이가 10인 정사각형 그리기

명령: **REC** [Enter↵]

첫 번째 구석점 지정 또는

[모따기(C)/고도(E)/모깎기(F)/두께(T)/폭(W)]: **임의의 한 점 클릭**

다른 구석점 지정 또는

[영역(A)/치수(D)/회전(R)]: **@10,10 입력** [Enter↵]

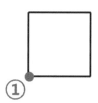

3-8. 다각형

명령 : polygon (단축키 명령어 : POL)

3각형에서 1024각형을 작도할 수 있다.

명령: POL [Enter↵]

면의 수 입력 <4>: **3** [Enter↵]

작도하고자 하는 다각형의 면 수를 입력

다각형의 중심을 지정 또는 [모서리(E)]: **원의 중심 클릭**

옵션을 입력 [원에 내접(I)/원에 외접(C)] <I>: **I** [Enter↵]

원의 반지름 지정: **원의 내접점 클릭**

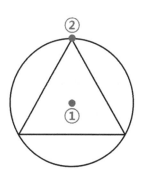

2) 외접으로 그리는 방법

명령: **POL** Enter↵

면의 수 입력 <4>: **3** Enter↵

작도하고자 하는 다각형의 면 수를 입력

다각형의 중심을 지정 또는 [모서리(E)]: **원의 중심 클릭**

옵션을 입력 [원에 내접(I)/원에 외접(C)] <C>: **C** Enter↵

원의 반지름 지정: **원의 외접점 클릭**

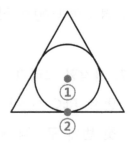

3) 한변의 길이를 이용해서 그리는 방법

명령: **POL** Enter↵

면의 수 입력 <4>: **3** Enter↵

작도하고자 하는 다각형의 면 수를 입력

다각형의 중심을 지정 또는 [모서리(E)]: **E** Enter↵

모서리의 첫 번째 끝점 지정: **임의의 점 클릭**

모서리의 두 번째 끝점 지정:

마우스로 방향을 지시한 후 변의 길이를 입력 20 Enter↵

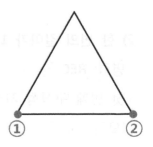

3-9. ERASE 객체 삭제 E

명령 : erase (단축키 명령어 : E)

1) 객체 선택 삭제

명령: **E** Enter↵

객체 선택: **지우고자 하는 객체를 클릭** 1개를 찾음

객체 선택: **다른 객체를 클릭 1개를 찾음**, 총 2개

객체 선택: Enter↵ **작업 실행**

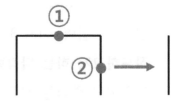

2) 화면 전체 삭제

명령: **E** Enter↵

객체 선택: **ALL** Enter↵ 3개를 찾음

객체 선택: Enter↵ **명령실행**

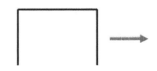

3-10. 도면 재생성

명령 : regen (단축키 명령어 : RE)

도면을 재생성 해 준다.

특히 원을 그리고 난 후 확대를 하면 다각형으로 보이는데 다시 원으로 재생성 해 준다.

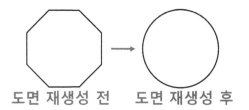

명령: **RE** [Enter↵]

모형 재생성 중.

도면 재생성 전   도면 재생성 후

3-11. 객체 분해

명령 : explode (단축키 명령어 : X)

명령: **X** [Enter↵]

객체 선택: **분해할 객체 선택**

1개를 찾음

객체 선택: [Enter↵]

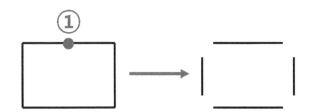

3-12. 객체 결합

명령 : pedit(polylin eedit) (단축키 명령어 : PE)

명령: **PE** [Enter↵]

폴리선 선택 또는 [다중(M)]: **하나의 객체를 선택**

선택된 객체가 폴리선이 아님 전환하기를 원하십니까? <Y> [Enter↵]

옵션 입력 [닫기(C)/결합(J)/폭(W)/정점 편집(E)/맞춤(F)/스플라인(S)/비곡선화(D)/선종류생성(L)/반전(R)/명령 취소(U)]: **J** [Enter↵]

객체 선택: **연결할 객체를 선택** 3개를 찾음

객체 선택: [Enter↵] 3개의 세그먼트가 폴리선에 추가됨

옵션 입력 [열기(O)/결합(J)/폭(W)/정점 편집(E)/맞춤(F)/스플라인(S)/비곡선화(D)/선종류생성(L)/반전(R)/명령 취소(U)]:[Enter↵]

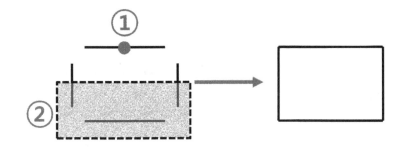

3-13. 복사

명령 : copy (단축키 명령어 : C)

1) 임의의 점으로 복사

명령: **CP** Enter↵

객체 선택: **임의의 객체 선택** 1개를 찾음

객체 선택: Enter↵

현재 설정: 복사 모드 = 다중(M)

기본점 지정 또는 [변위(D)/모드(O)] <변위(D)>:

임의의 기준점을 클릭

두 번째 점 지정 또는 <첫 번째 점을 변위로 사용>:

다음점 클릭

두 번째 점 지정 또는 [종료(E)/명령 취소(U)] <종료>: Enter↵

※ 기본 값으로 다중모드 복사 실행 됨

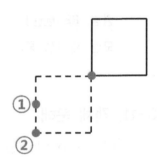

2) 좌표를 이용해서 복사

명령: **CP** Enter↵

객체 선택: **객체를 선택** 1개를 찾음

객체 선택: Enter↵

현재 설정: 복사 모드 = 다중(M)

기본점 지정 또는 [변위(D)/모드(O)] <변위(D)>: **임의의 점 클릭**

두 번째 점 지정 또는 <첫 번째 점을 변위로 사용>:

@50,50 입력 Enter↵

두 번째 점 지정 또는 [종료(E)/명령 취소(U)] <종료>: Enter↵

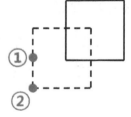

5) 극좌표를 이용해서 복사

수평, 수직으로 만 복사가 가능

명령: **CP** Enter↵

객체 선택: **복사대상 선택 클릭** 1개를 찾음

객체 선택: Enter↵

현재 설정: 복사 모드 = 다중(M)

기본점 지정 또는 [변위(D)/모드(O)] <변위(D)>:

임의의 점을 클릭한 후 마우스로 복사하고자 하는 방향을 지시

두 번째 점 지정 또는 <첫 번째 점을 변위로 사용>:

50 입력 Enter↵

두 번째 점 지정 또는 [종료(E)/명령 취소(U)] <종료>: Enter↵

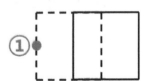

6) 객체 간격 키보드 입력 복사

명령: **CP** Enter↵

객체 선택: 복사할 대상 지정 1개를 찾음

객체 선택: Enter↵

현재 설정: 복사 모드 = 다중(M)

기본점 지정 또는 [변위(D)/모드(O)] <변위(D)>:

임의의 한점을 선택

두 번째 점 지정 또는 <첫 번째 점을 변위로 사용>:

마우스로 복사할 방향을 지시하고 거리 입력 70 Enter↵

두 번째 점 지정 또는 [종료(E)/명령 취소(U)] <종료>: Enter↵

7) 객체 간격 마우스 입력 복사

명령: **CP** Enter↵

객체 선택: **2번 객체를 선택** 1개를 찾음

객체 선택: Enter↵

현재 설정: 복사 모드 = 다중(M)

기본점 지정 또는 [변위(D)/모드(O)] <변위(D)>:

1번 객체의 모서리를 선택 클릭

두 번째 점 지정 또는 <첫 번째 점을 변위로 사용>:

2번 객체의 모서리를 선택 클릭

계속해서 같은 방법으로 복사 실행

주의) 하나씩 밀어준다는 생각으로 복사를 실행.

두 번째 점 지정 또는 [종료(E)/명령 취소(U)] <종료>: Enter↵

8) 단축키 지정방법

"도구" - "사용자화" - "프로그램 매개변수 편집(acad.pgp)"

메모장 열리면 아래쪽으로 이동

CP, *COPY 아래쪽에 줄에

CC, *COPY 라고 입력

저장 - 닫기

캐드로 이동 후 명령줄에

"REINIT" 입력 **"PGP파일"** 체크 후 사용.

3-14. MOVE 이동 M

명령 : move (단축키 명령어 : M)

명령: M Enter↵

객체 선택: **이동 할 대상 선택** 1개를 찾음

객체 선택: Enter↵

기준점 지정 또는 [변위(D)] <변위>: **임의의 점 선택**

두 번째 점 지정 또는 <첫 번째 점을 변위로 사용>:

이동시키고자 하는 위치로 클릭

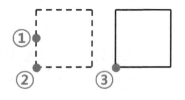

3-15. 자르기

명령 : trim (단축키 명령어 : TR)

주의) 잘라낼 경계를 선택하는 것이 가장 중요

명령: **TR** Enter↵

현재 설정: 투영=UCS 모서리=없음 절단 모서리 선택

객체 선택 또는 <모두 선택>: **1번 객체를 클릭** 1개를 찾음

객체 선택: Enter↵

자를 객체 선택 또는 Shift 키를 누른 채 선택하여 연장 또는

[울타리(F)/걸치기(C)/프로젝트(P)/모서리(E)/지우기(R)/

명령 취소(U)]: **2번 객체 클릭**

자를 객체 선택 또는 Shift 키를 누른 채 선택하여 연장 또는

[울타리(F)/걸치기(C)/프로젝트(P)/모서리(E)/지우기(R)/

명령 취소(U)]: **3번 객체 클릭**

자를 객체 선택 또는 Shift 키를 누른 채 선택하여 연장 또는

[울타리(F)/걸치기(C)/프로젝트(P)/모서리(E)/지우기(R)/

명령 취소(U)]: Enter↵

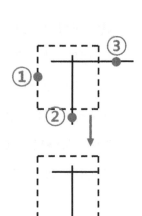

3-16. 연장

명령 : extend (단축키 명령어 : EX)

주의) 연장할 경계를 선택하는 것이 가장 중요

명령: **EX** Enter↵

현재 설정: 투영=UCS 모서리=없음 절단 모서리 선택 …

객체 선택 또는 <모두 선택>: **1번 객체를 클릭** 1개를 찾음

객체 선택: Enter↵

연장할 객체 선택 또는 Shift 키를 누른 채 선택하여 자르기

또는 [울타리(F)/걸치기(C)/프로젝트(P)/모서리(E)/명령 취소(U)]:

2번 객체 클릭

연장할 객체 선택 또는 Shift 키를 누른 채 선택하여 자르기

또는 [울타리(F)/걸치기(C)/프로젝트(P)/모서리(E)/명령 취소(U)]:

3번 객체 클릭

연장할 객체 선택 또는 Shift 키를 누른 채 선택하여 자르기

또는 [울타리(F)/걸치기(C)/프로젝트(P)/모서리(E)/명령 취소(U)]:

Enter↵

※ 모서리 설정 시 Trim 에 영향을 줌

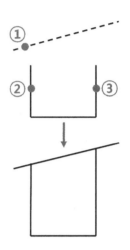

3-17. 간격 띄우기

명령 : offset (단축키 명령어 : O)

1) 선 간격띄우기

명령: **O** Enter↵

현재 설정: 원본 지우기=아니오

도면층=원본 OFFSETGAPTYPE=0

간격띄우기 거리 지정 또는

[통과점(T)/지우기(E)/도면층(L)] <30.0000>: **20** Enter↵

간격띄우기할 객체 선택 또는

[종료(E)/명령 취소(U)] <종료>: **1번 객체 선택**

간격띄우기할 면의 점 지정 또는

[종료(E)/다중(M)/명령 취소(U)] <종료>: **2번 방향 클릭**

간격띄우기할 객체 선택 또는

[종료(E)/명령 취소(U)] <종료>: Enter↵

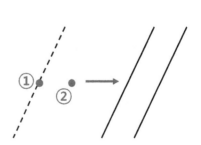

2) 도형 간격띄우기

명령: **O** [Enter↵]

현재 설정: 원본 지우기=아니오

도면층=원본 OFFSETGAPTYPE=0

간격띄우기 거리 지정 또는

[통과점(T)/지우기(E)/도면층(L)] <30.0000>: **20** [Enter↵]

간격띄우기할 객체 선택 또는

[종료(E)/명령 취소(U)] <종료>: **1번 객체 선택**

간격띄우기할 면의 점 지정 또는

[종료(E)/다중(M)/명령 취소(U)] <종료>: **2번 방향 클릭**

간격띄우기할 객체 선택 또는

[종료(E)/명령 취소(U)] <종료>: [Enter↵]

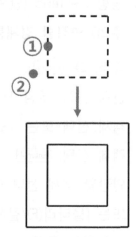

3-18. 회전

명령 : rotate (단축키 명령어 : RO)

1) 한 점을 기준으로 회전

명령: **RO** [Enter↵]

현재 UCS에서 양의 각도:

측정 방향=시계 반대 방향 기준 방향=0

객체 선택: **회전하고자 하는 객체를 클릭** 1개를 찾음

객체 선택: [Enter↵]

기준점 지정: **회전하고자 하는 중심점을 지정**

회전 각도 지정 또는

[복사(C)/참조(R)] <0>: **회전 각도 입력 45** [Enter↵]

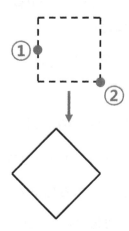

2) 회전과 동시에 복사

명령: **RO** [Enter↵]

현재 UCS에서 양의 각도:

측정 방향=시계 반대 방향 기준 방향=0

객체 선택: 1개를 찾음

객체 선택: [Enter↵]

기준점 지정: 회전하고자 하는 중심점을 지정

회전 각도 지정 또는 [복사(C)/참조(R)] <0>:

C 선택한 객체의 사본을 회전합니다.

회전 각도 지정 또는 [복사(C)/참조(R)] <0>:

회전 각도 입력 45 [Enter↵]

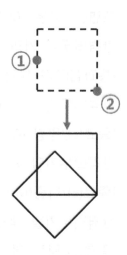

3) 회전각도를 클릭해서 회전

명령: **RO** Enter↵

현재 UCS에서 양의 각도:

측정 방향=시계 반대 방향 기준 방향=0

객체 선택: 회전하고자 하는 객체를 클릭 1개를 찾음

객체 선택: Enter↵

기준점 지정: 회전하고자 하는 중심점을 지정

회전 각도 지정 또는 [복사(C)/참조(R)] <0>: **R** Enter↵

참조 각도를 지정 <180>: **2번 점 클릭**

두 번째 점을 지정: **3번 점 클릭**

새 각도 지정 또는 [점(P)] <0>: **4번 점 클릭**

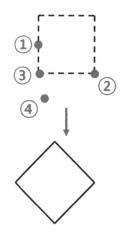

3-19. 대칭

명령 : mirror (단축키 명령어 : MI)

명령: **MI** Enter↵

객체 선택: **객체를 선택** 1개를 찾음

객체 선택: Enter↵

대칭선의 첫 번째 점 지정: **2번 점 클릭**

대칭선의 두 번째 점 지정: **3번 점 클릭**

원본 객체를 지우시겠습니까? [예(Y)/아니오(N)] <N>: Enter↵

"Y"를 선택하면 원본객체가 삭제된다.

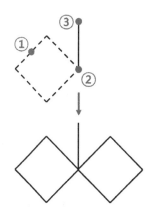

3-20. 모깎기

명령 : fillet (단축키 명령어 : F)

1) 둥글게 모깍이로 자주 이용됨.

명령: F Enter↵

첫 번째 객체 선택 또는

[명령 취소(U)/폴리선(P)/반지름(R)/자르기(T)/다중(M)]: R Enter↵

모깍이 반지름 지정 <0.0000>: 5 Enter↵

첫 번째 객체 선택 또는 [명령 취소(U)/폴리선(P)/

반지름(R)/자르기(T)/다중(M)]: **1번 선택**

두 번째 객체 선택 또는 shift 키를 누른 채 선택하여

구석 적용: **2번 선택**

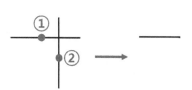

2) Trim 대신 사용하는 경우도 있다.

명령: F `Enter↵`

첫 번째 객체 선택 또는

[명령 취소(U)/폴리선(P)/반지름(R)/자르기(T)/다중(M)]: **1번 선택**

두 번째 객체 선택 또는 shift 키를 누른 채 선택하여

구석 적용: **2번 선택**

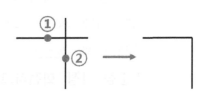

※ 반지름 값이 0이고, 자르기 모드(T)를 한 것과 같다.

※ 자르기 모드(T): 선택되지 않은 부분은 사라진다.

　자르지 않기(N): 선택되지 않은 부분이 남아있다.

　모따기(CHA)에 영향을 준다.

3-21. 모따기

명령 : chamfer (단축키 명령어 : CHA)

1) 두 개의 거리 값을 이용한 모따기

명령: CHA `Enter↵`

첫 번째 객체 선택 또는 [명령 취소(U)/폴리선(P)/

거리(D)/각도(A)/자르기(T)/메서드(E)/다중(M)]: D `Enter↵`

첫 번째 모따기 거리 지정 <0.0000>: 10 `Enter↵`

두 번째 모따기 거리 지정 <0.0000>: 5 `Enter↵`

1,2번 객체 차례대로 선택

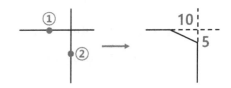

2) 거리 값과 각도를 이용한 모따기

명령: CHA `Enter↵`

첫 번째 객체 선택 또는 [명령 취소(U)/폴리선(P)/

거리(D)/각도(A)/자르기(T)/메서드(E)/다중(M)]: A `Enter↵`

첫 번째 모따기 거리 지정 <0.0000>: 10 `Enter↵`

첫 번째 선으로부터 모따기 각도 지정 <0>: 30 `Enter↵`

1,2번 객체 차례대로 선택

3-22. 배열

명령 : array (단축키 명령어 : AR)

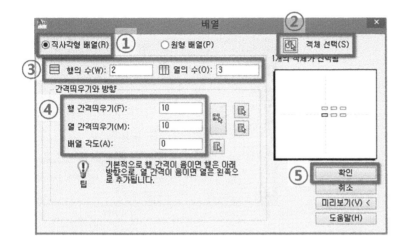 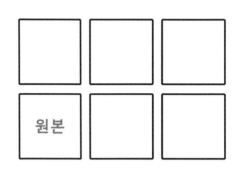

명령: AR [Enter↵]

① 직사각 배열

② 객체 선택: 사각형 객체를 선택

③ 행의 수: 2, 열의 수: 3

④ 행 간격띄우기: 12, 열 간격띄우기: 12, 배열 각도: 0

⑤ 확인

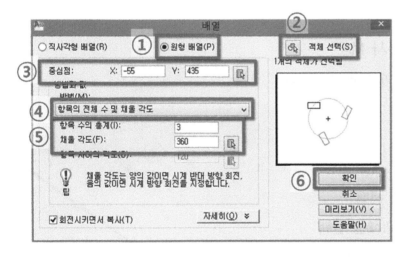 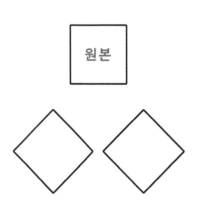

명령: AR [Enter↵]

① 원형 배열

② 객체 선택: 사각형 객체를 선택

③ 중심점: 버튼으로 X,Y 값을 지정

④ 방법: 항목의 전체 수 및 채울 각도

⑤ 항목 수의 총계: 3, 채울 각도: 360

⑥ 확인

3-23. 객체정보 보기

명령 : list (단축키 명령어 : LI)

선택된 객체의 모든 정보를 *.TXT 형식으로 볼 수 있다.

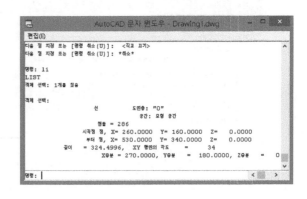

명령: LI [Enter↵]

객체 선택: 선택 후 [Enter↵]

3-24. LINE Type Scale 선간격 조정 LTS

명령 : line type scale (단축키 명령어 : LIS)

명령: LTS [Enter↵]

LTSCALE 새 선종류 축적 비율 입력 <1.0000>: 2 [Enter↵]

3-25. Match Properties 속성복사 MA

명령 : match properties (단축키 명령어 : MA)

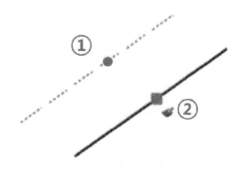

명령: MA [Enter↵]

원본 객체를 선택하십시오: **1번 선택**

대상 객체를 선택 또는 [설정(s)]: **2번 선택**

한 번의 원본 선택 후 여러 객체 복사 가능

필요한 속성만 복사하고 싶은 경우

대상 객체를 선택 또는 [설정(s)]: **S** [Enter↵]

속성 선택 후 객체 선택

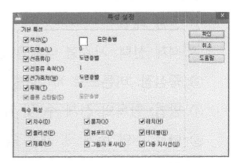

3-26. 용지(도면한계)설정

명령 : limits

명령: LIMITS [Enter↵]

왼쪽 아래 구석 지정 또는 [켜기(ON)/끄기(OFF)]

<0.0000,0.0000>: [Enter↵]

오른쪽 위 구석 지정 <420.0000,297.0000>:

A4: 297x210

A3: 420x297 (기본 설정)

A2: 594x420

3-27. 객체 절단

명령 : break (단축키 명령어 : BR)

1) 첫 번째 점이 절단의 시작점이 되는 경우

명령: BR [Enter↵]

객체 선택: **1번 선택**

두 번째 끊기점을 지정 또는 [첫 번째 점(F)]: **2번 선택**

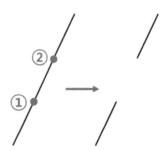

2) 절단의 시작점을 재설정하는 경우

명령: BR [Enter↵]

객체 선택: **1번 선택**

두 번째 끊기점을 지정 또는 [첫 번째 점(F)]: **F** [Enter↵]

첫 번째 끊기점 지정: **2번 선택**

두 번째 끊기점을 지정: **3번 선택**

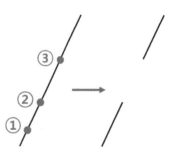

3) 한 직선을 둘로 나누는 경우

명령: BR [Enter↵]

객체 선택: **1번 선택**

두 번째 끊기점을 지정 또는 [첫 번째 점(F)]: **F** [Enter↵]

첫 번째 끊기점 지정: **2번 선택**

두 번째 끊기점을 지정: **2번 선택** or **@** [Enter↵]

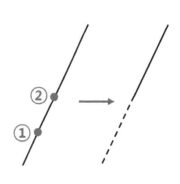

3-28. 객체의 증분 길이 조절

명령 : lengthen (단축키 명령어 : LEN)

명령: LEN [Enter↵]

객체 선택 또는

[증분(DE)/퍼센트(P)/합계(T)/동적(DY)]: **DE** [Enter↵]

증분 길이 또는 [각도(A)] 입력 <0.0000>: **10** [Enter↵]

변경할 객체 선택 또는 [명령 취소(U)]: **1번 선택**

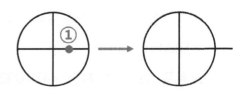

3-29. 닫쳐진 객체의 크기 조절

명령 : stretch (단축키 명령어 : S)

반드시 Crossing으로 객체를 선택해야 한다

명령: S [Enter↵]

걸침 윈도우 또는 걸침 다각형만큼 신축할 객체 선택...

객체 선택: 반대 구석 지정: **객체 선택** 5개를 찾음

객체 선택:

기준점 지정 또는 [변위(D)] <변위>:

늘리고 싶은 방향에 마우스 클릭

두 번째 점 지정 또는 <첫 번째 점을 변위로 사용>: **20**

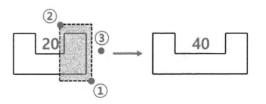

3-30. 객체 크기조절

명령 : scale (단축키 명령어 : SC)

명령: SC [Enter↵]

객체 선택: **객체 선택**

기준점 지정: **점 선택**

축척 비율 지정 또는

[복사(C)/참조(R)] <1.0000>: **2** [Enter↵]

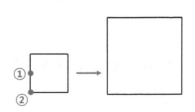

3-31. 글꼴 바꾸기

명령 : style (단축키 명령어 : ST)

글꼴 바꾸기 예)

명령: ST Enter↵

① 큰 글꼴 사용 체크

SHX 글꼴: romans.shx

큰 글꼴: whgtxt.shx

② 적용

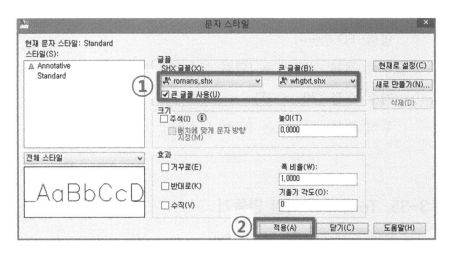

3-32. 글자 입력(DTEXT)

명령 : dtext (단축키 명령어 : DT)

명령: DT Enter↵

문자의 시작점 지정 또는 [자리맞추기(J)/스타일(S)]:

시작점 클릭

높이 지정 <2.5000>: Enter↵

문자의 회전 각도 지정 <0>: Enter↵

3-33. 글자 입력(MTEXT)

명령 : mtext (단축키 명령어 : MT)

명령: MT Enter↵

첫 번째 구석 지정: **1번 선택**

반대 구석 지정 또는 [높이(H)/자리맞추기(J)/

선 간격두기(L)/회전(R)/스타일(S)/폭(W)/열(C)]: **2번 선택**

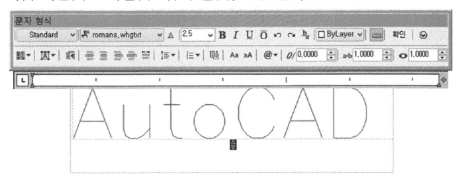

3-34. 글자 수정

명령 : edit (단축키 명령어 : ED)

명령: ED `Enter↵`

주석 객체 선택 또는 [명령 취소(U)]: **1번 선택**

치수 수정 (20 -> 25)

주석 객체 선택 또는 [명령 취소(U)]: `Enter↵`

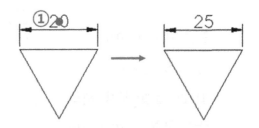

3-35. Template 파일 만들기

작업 도면의 시작 파일(*.dwt)

자주 쓰는 도면의 양식을 미리 만들어 Template 형식으로 저장 후 필요할 때마다 씀

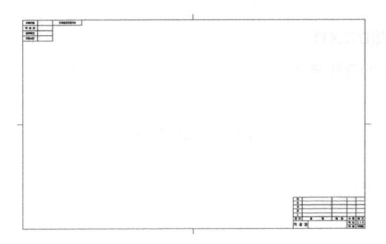

예를 들어

양식을 만든 후 저장할 때

파일 형식을 AutoCAD 도면 템플릿 (*.dwt) 로 바꾼 후 저장

예를 들어

양식을 만든 후 저장할 때

파일 형식을 AutoCAD 도면 템플릿 (*.dwt)로

바꾼 후 저장

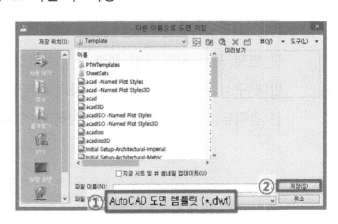

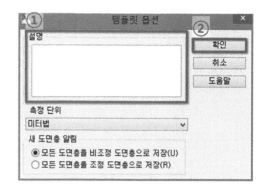

저장을 누르면 템플릿 옵션이 뜬다

설명 창에 저장한 템플릿의 설명을 적은 후

확인

3-36. 파일 추출하기

명령 : wblock (단축키 명령어 : W)

자주 사용하는 객체를 묶어서 따로 저장해 둠

명령: W [Enter↵]

기준점 선택

블록으로 지정할 객체를 선택

저장경로 지정

확인

※ 기준점: 파일을 불러 올 때 기준이 되는 점

3-37. 파일 삽입

명령 : insert (단축키 명령어 : I)

명령: I [Enter↵]

불러올 파일을 찾기

확인

※ 블록 파일을 제외한 모든 객체는

왼쪽 아래 구석이 기준점

※ 블록 파일은 생성 시 기준점을 지정

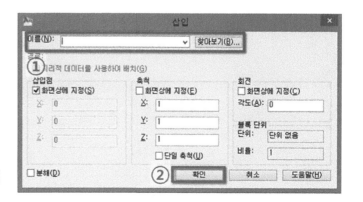

4. 치수 설정

AUTOCAD입문

4. 치수설정

명령 : dimstyle (단축키 명령어 : D)

명령: D [Enter↵]

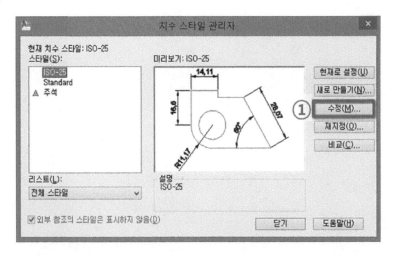

① 수정을 클릭

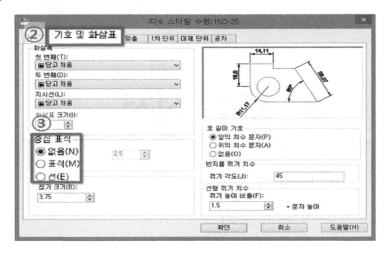

② 기호 및 화살표를 선택
③ 중심 표식에서 없음(N)을 선택

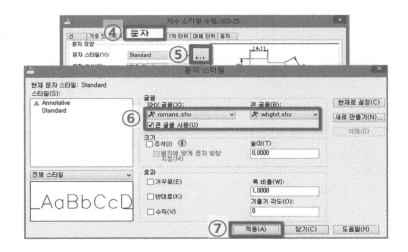

④ 문자 선택

⑤ 문자 모양에 문자 스타일(Y)의 ... 선택

⑥ 큰 글꼴 사용 체크, SHX 글꼴: romans.shx, 큰 글꼴: whgtxt.shx

⑦ 적용

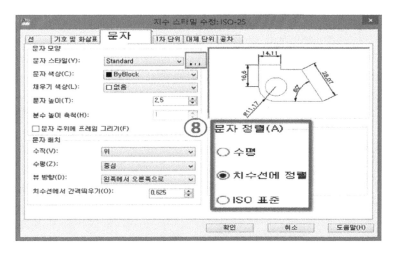

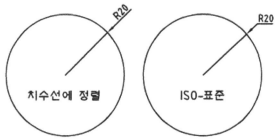

⑧ 문자 정렬(A)에서 치수선에 정렬 또는 ISO 표준 선택

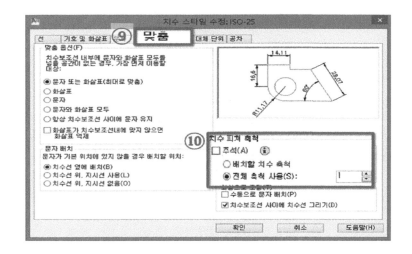

⑨ 맞춤 선택

⑩ 치수 피쳐 축척에 전체 축척 사용(S)를 선택 후 1 입력

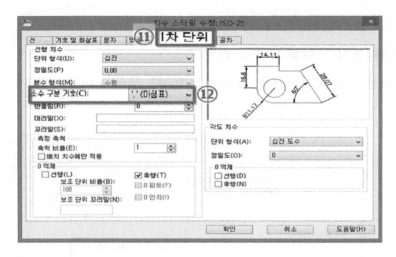

⑪ 1차 단위 선택

⑫ 소수 구분 기호(C)에서 '.'(마침표)를 선택

<치수 툴바>

<치수 기입 예제>

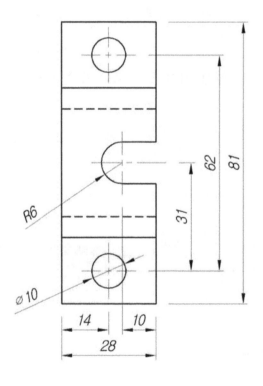

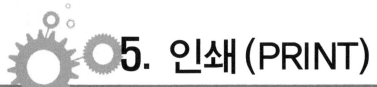

5. 인쇄 (PRINT)

AUTOCAD입 문

5. PRINT(인쇄)

명령 : print (단축키 명령어 : PLOT)

명령: PLOT Enter↵

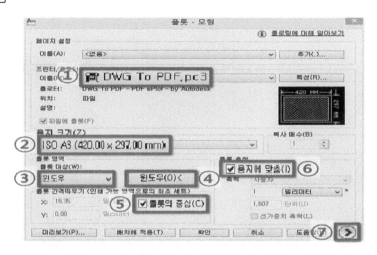

① 프린터/플로터의 이름(M)에서 DWG To PDF.pc3을 선택

② 용지크기(Z)에서 사용할 용지에 맞는 용지를 선택[ISO A3(420.00 x 297.00 mm)]

③ 플롯 영역의 플롯 대상(W)에서 윈도우 선택

④ 윈도우(O) 선택 -> 프린트할 영역 마우스 클릭 또는 좌표 값 입력

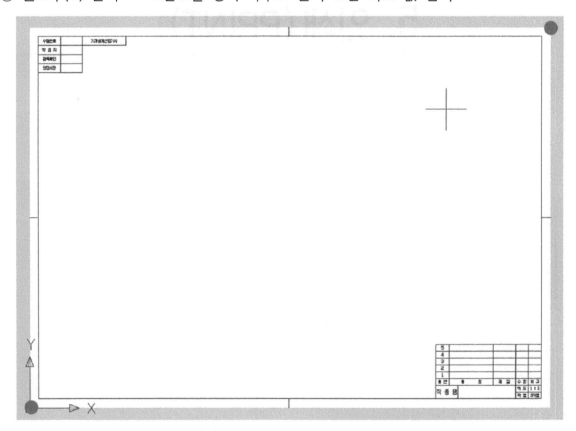

⑤ 플롯 간격띄우기의 블롯의 중심(C) 선택

⑥ 플롯 축척의 용지에 맞춤(I) 선택

⑦ 많은 옵션 선택

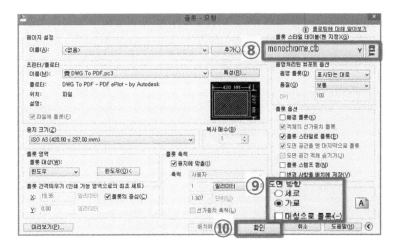

⑧ 플롯 스타일 테이블(펜 지정)(G)에서 monochrome.ctb 선택 -> 편집 선택

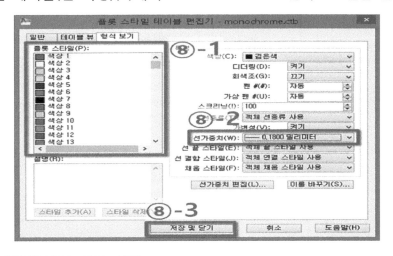

1) 플롯 스타일(P)에서 색상 선택

2) 특성의 선가중치(W)에서 색상에 맞는 선 가중치 선택

3) 저장 및 닫기

⑨ 도면 방향에서 설정에 맞는 도면의 방향 선택

⑩ 확인

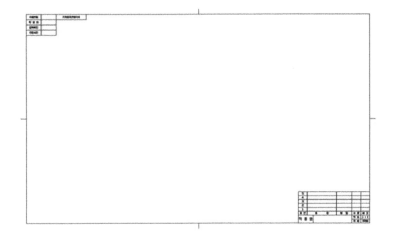

6. 명령어 LIST

AUTOCAD입문

작도(DRAWING) 명령

단축키	명령어	내용	비고
L	LINE	선 그리기	
A	ARC	호(원호)그리기	
C	CIRCLE	원 그리기	
REC	RECTANGLE	사각형 그리기	
POL	POLYGON	정다각형 그리기	
EL	ELLIPSE	타원 그리기	
XL	XLINE	무한선 그리기	
PL	PLINE	연결선 그리기	
SPL	SPLINE	자유곡선 그리기	
ML	MLINE	다중선 그리기	
DO	DONUT	도넛 그리기	
PO	POINT	점 찍기	

편집(EDIT) 명령

단축키	명령어	내용	비고
Ctrl+Z	UNDO	이전명령 취소	
Ctrl+Y	MREDO	UNDO취소	다중복구
E	ERASE	지우기	
EX	EXTEND	선분 연장	
TR	TRIM	선부 자르기	
O	OFFSET	등각격및평행선 복사	
CO	COPY	객체복사	
M	MOVE	객체이동	
AR	ARRAY	배열복사	
MI	MIRROR	대칭복사	
F	FILLET	모깍기	라운드
CHA	CHAMFER	모따기	
RO	ROTATE	객체회전	
SC	SCALE	객체축척변경	
S	STRETCH	선분 신축(늘리고 줄이기)	점 이동
LEN	LENGTHEN	선분 길이 변경	
BR	BREAK	선분 대충 자르기	
X	EXPLODE	객체 분해	
J	JOIN	PLINE 만들기	
PE	PEDIT	PLINE 편집	
SPE	SPLINEDIT	자유곡선 수정	
DR	DRAWORDER	객체 높낮이 조절	

문자쓰기 및 편집 명령			
단축키	명령어	내용	비고
T, MT	MTEXT	다중문자 쓰기	문서작성
DT	DTEXT	다이나믹문자 쓰기	도면문자
ST	STYLE	문자 스타일 변경	
ED	DDEDIT	문자,치수문자 수정	

치수기입 및 편집 명령			
단축키	명령어	내용	비고
QDIM	QDIM	빠른 치수기입	
DLI	DIMLINEAR	선형 치수기입	
DAL	DIMALIGNED	사선 치수기입	
DAR	DIMARC	호길이 치수기입	
DOR	DIMORDINATE	좌표 치수기입	
DRA	DIMRADIUS	반지름 치수기입	
DJO	DIMJOGGED	꺾기 치수기입	
DDI	DIMDIAMETER	지름 치수기입	
DAN	DIMANGULAR	각도 치수기입	
DBA	DIMBASELINE	첫점 연속치수기입	
DCO	DIMCONTINUE	끝점 연속치수기입	
MLD	MLEADER	다중 치수보조선 작성	인출선 작성
MLE	MLEADEREDIT	다중 치수보조선 수정	인출선 수정
LEAD	LEADER	치수보조선 기입	인출선 작성
DCE	DIMCENTER	중심선 작성	원,호
DED	DIMEDIT	치수형태 편집	
D	DIMSTYLE, DDIM	치수스타일 편집	

도면 패턴			
단축키	명령어	내용	비고
H	HATCH	도면 해치패턴 넣기	
BH	BHATCH	도면 해치패턴 넣기	
HE	HATCHEDIT	해치 편집	
GD	GRADIENT	그라디언트 패턴 넣기	

도면 특성변경

단축키	명령어	내용	비고
LA	LAYER	도면층 관리	
LT	LINETYPE	도면선분 특성관리	
LTS	LTSCALE	선분 특성 크기 변경	
COL	COLOR	기본 색상 변경	
MA	MATCHPROP	객체속동 맞추기	
MO, CH	PROPERTIES	객체속성 변경	

블록 및 삽입 명령

단축키	명령어	내용	비고
B	BLOCK	객체 블록 지정	
W	WBLOCK	객체 블록화 도면 저장	
I	INSERT	도면 삽입	
BE	BEDIT	블록 객체 수정	
XR	XREF	참조도면 관리	

드로잉 환경설정 및 화면, 환경설정

단축키	명령어	내용	비고
OS, SE	OSNAP	오브젝트 스냅 설정	
Z	ZOOM	도면 부분 축소확대	
P	PAN	화면 이동	
RE	REGEN	화면 재생성	
R	REDRAW	화면 다시그리기	
OP	OPTION	AutoCAD환경설정	
UN	UNITS	도면 단위변경	

도면특성 및 객체정보

단축키	명령어	내용	비고
DI	DIST	길기 체크	
LI	LIST	객체 속성 정보	
AA	AREA	면적 산출	

Ctrl + 숫자 단축 값			
기능	명령	내용	비고
Ctrl+1	PROPERTIES / PROPERTIESCLOSE	속성창 On/Off	
Ctrl+2	ADCENTER / ADCLOSE	디자인센터 On/Off	
Ctrl+3	TOOLPALETTES / TOOLPALETTESCLOSE	툴팔레트 On/Off	
Ctrl+4	SHEETSET / SHEETSETHIDE	스트셋 메니져 On/Off	
Ctrl+5			기능없음
Ctrl+6	DBCONNECT / DBCCLOSE	DB접속 메니져 On/Off	
Ctrl+7	MARKUP / MARKUPCLOSE	마크업 셋트 메니져 On/OFF	
Ctrl+8	QUICKCALC / QCCLOSE	계산기 On/Off	
Ctrl+9	COMMANDLINE	커멘드 영역 On/Off	
Ctrl+0	CLENASCREENOFF	화면툴바 On/OFF	

7. 기초도면 예제

AUTOCAD입문

제 도 실기 투상도 연습용지

이름 :　　　　　　날짜 :

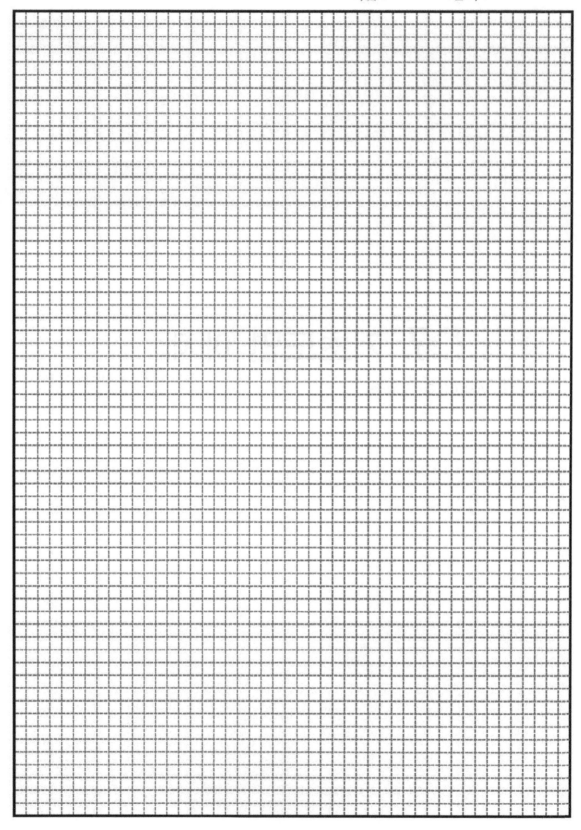

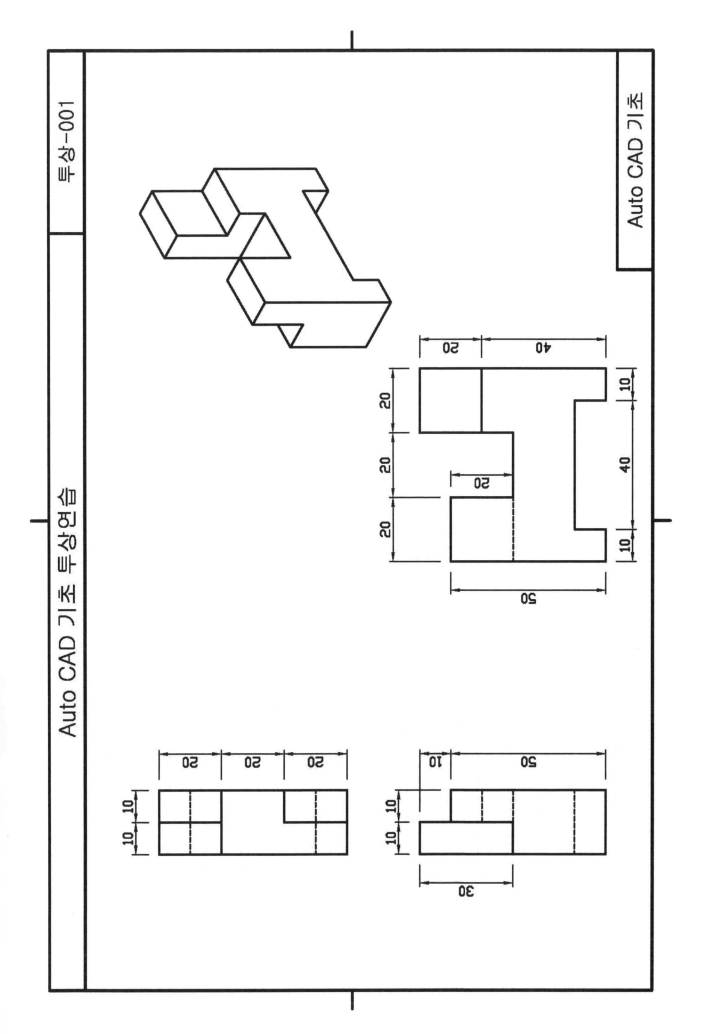

투상-001

Auto CAD 기초

Auto CAD 기초 투상연습

7. 기초도면 예제   59

Auto CAD 기초 투상연습

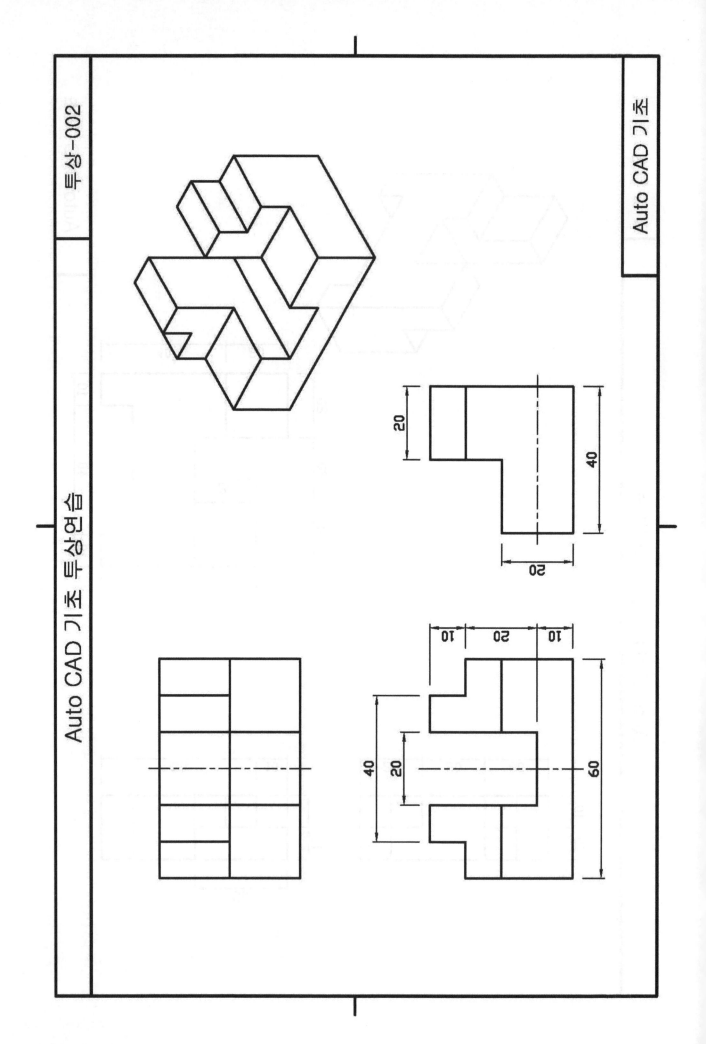

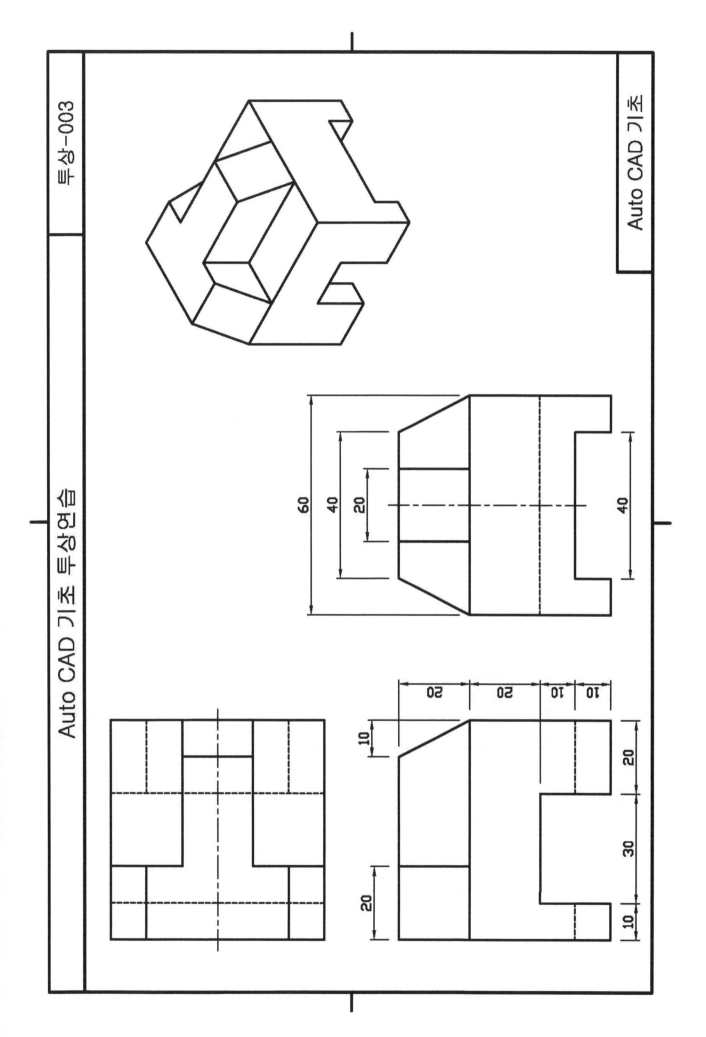

Auto CAD 기초 투상연습

Auto CAD 기초 투상연습

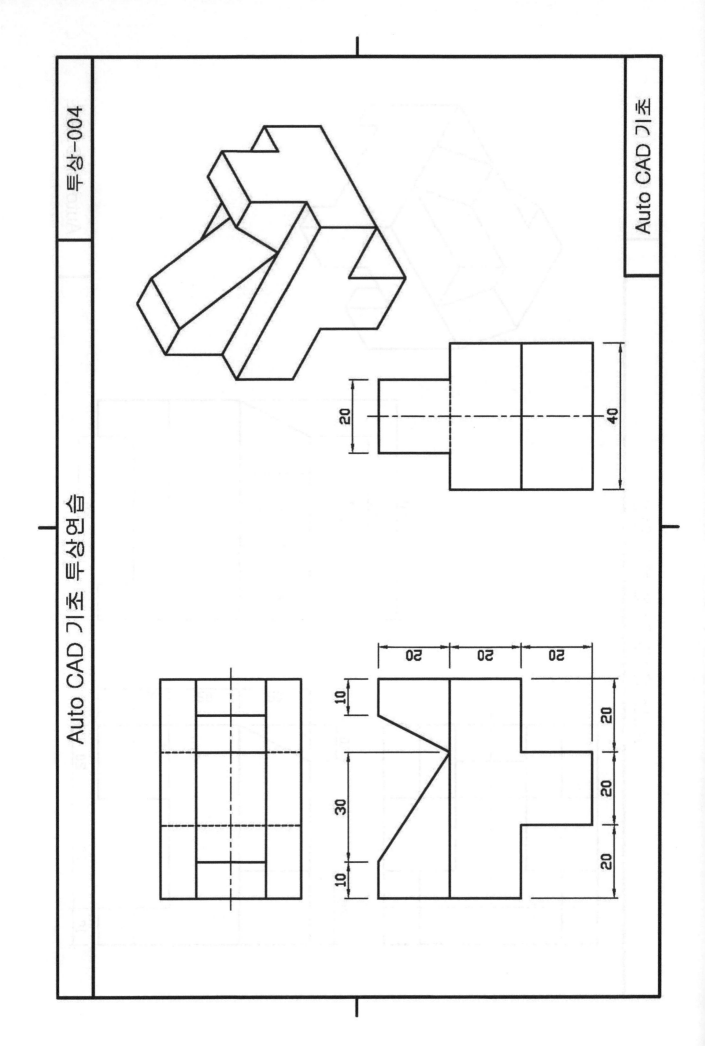

Auto CAD 기초 투상연습

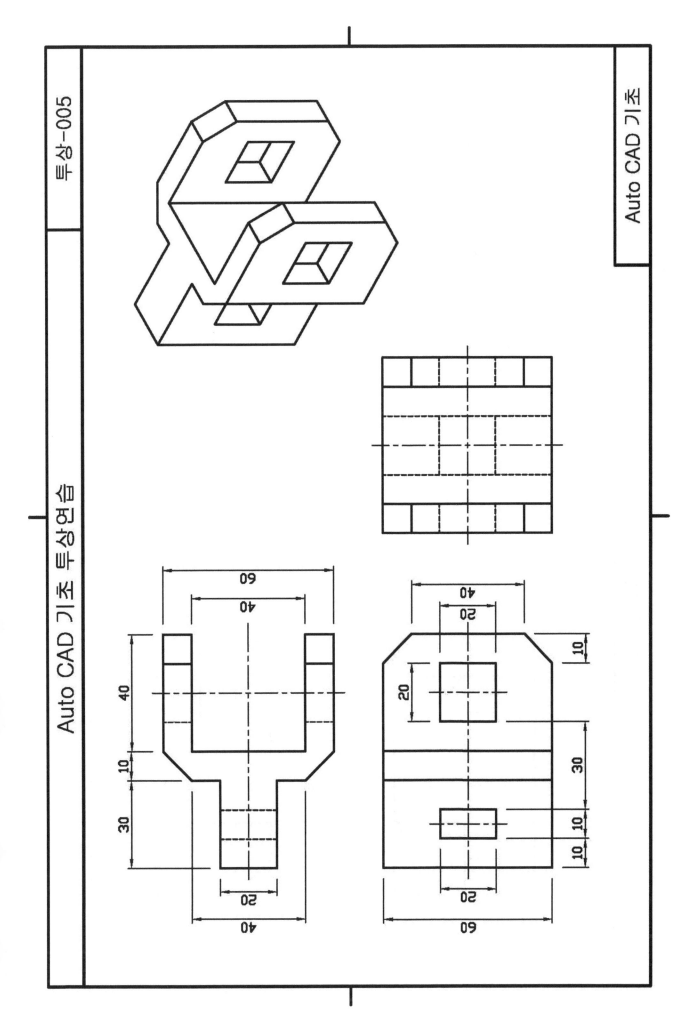

Auto CAD 기초 투상연습

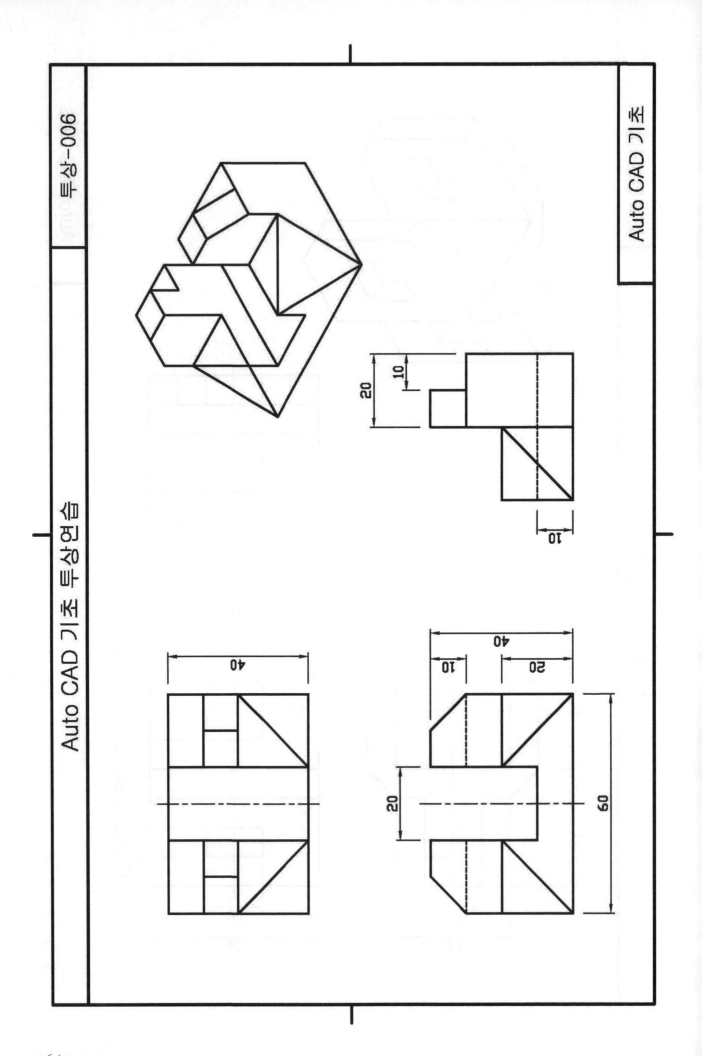

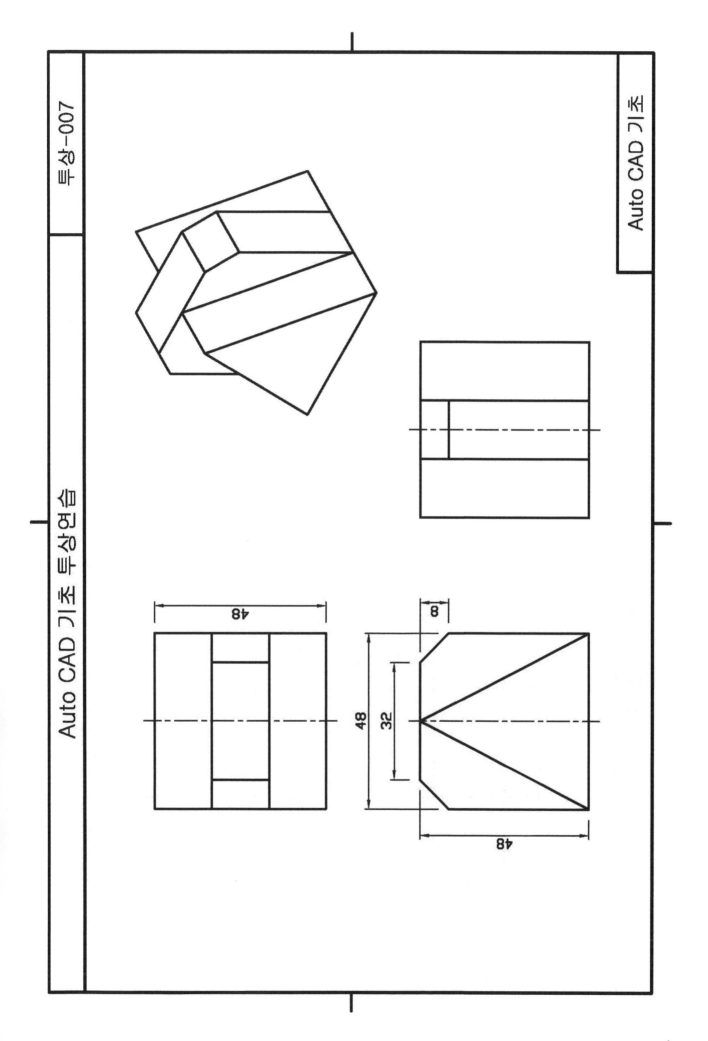

Auto CAD 기초 투상연습

48

8

48

32

48

Auto CAD 기초 투상연습

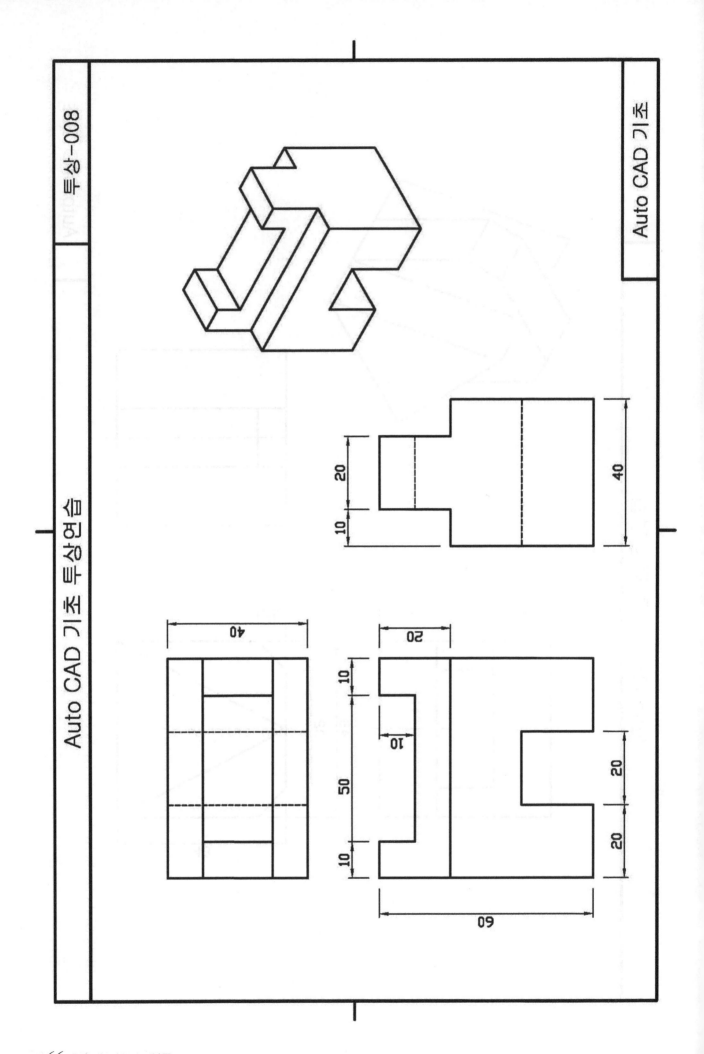

Auto CAD 기초 투상연습

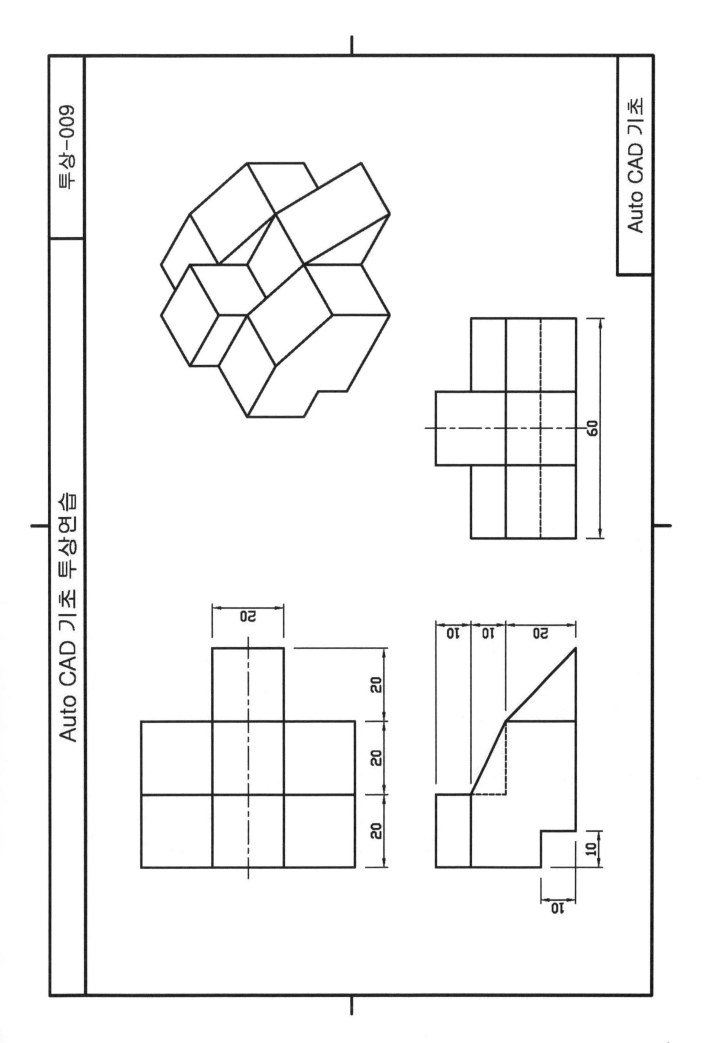

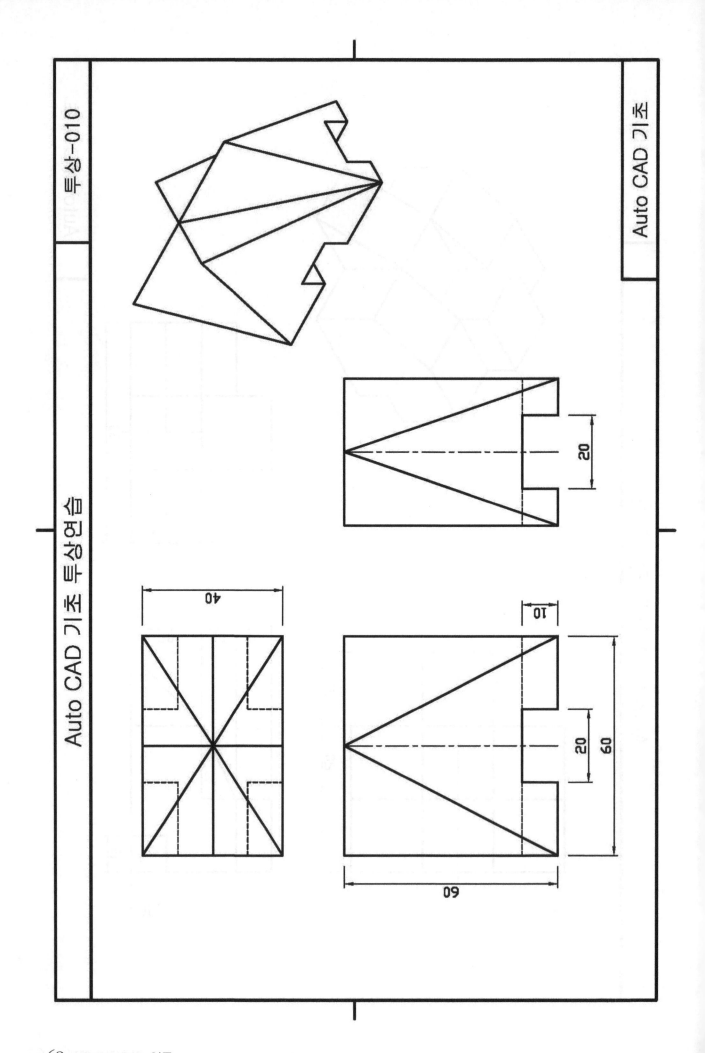

Auto CAD 기초 투상연습

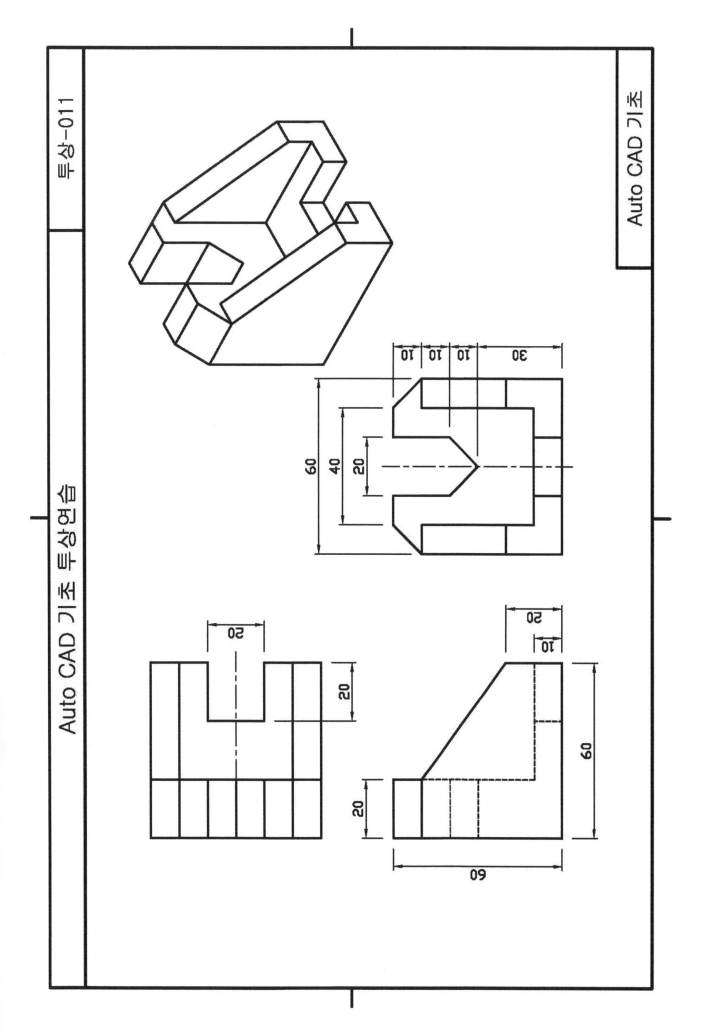

Auto CAD 기초 투상연습

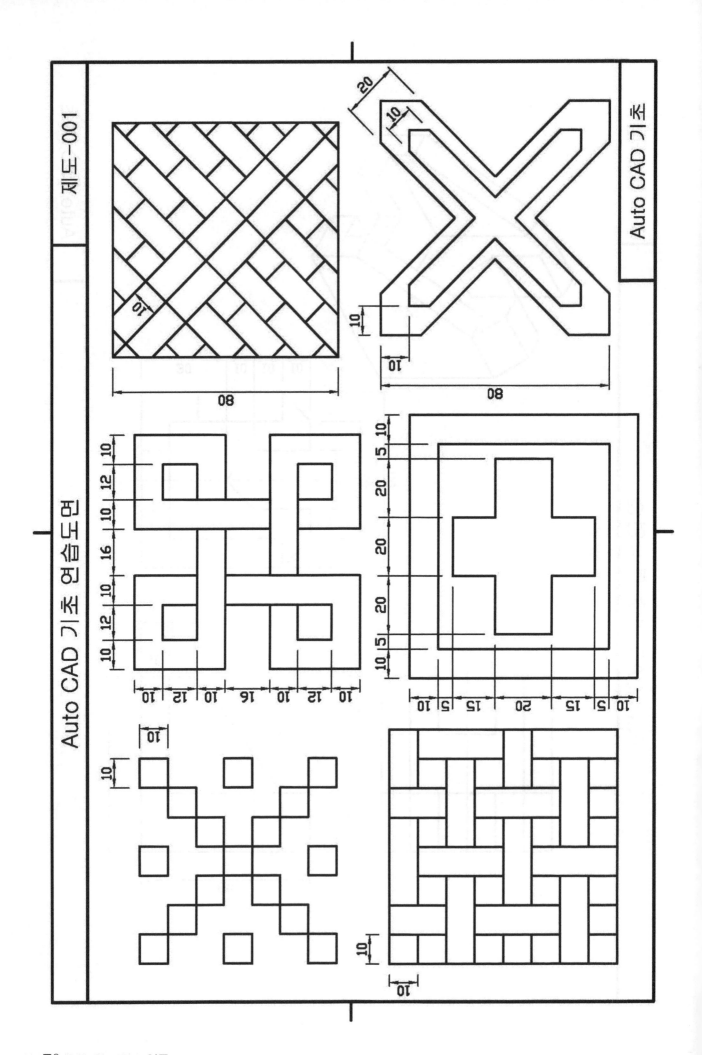

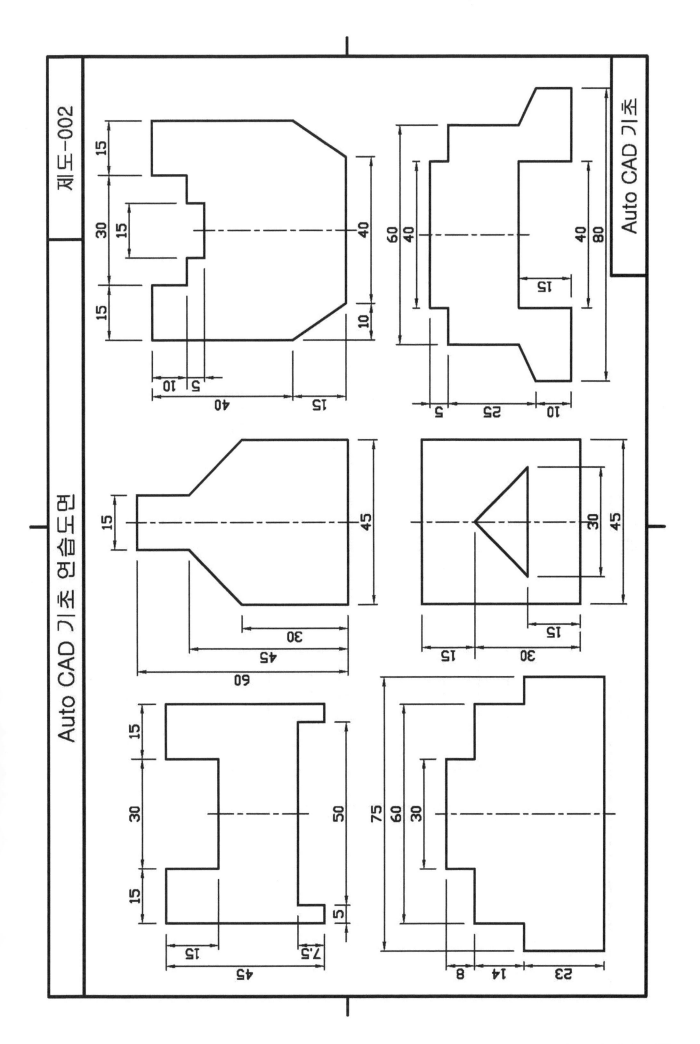

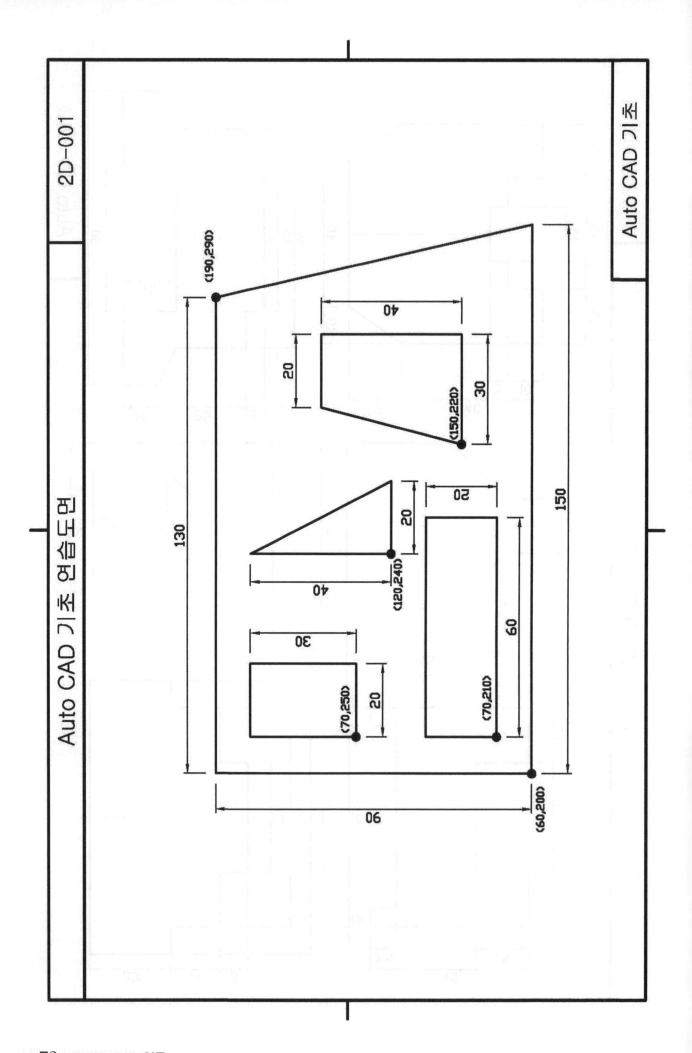

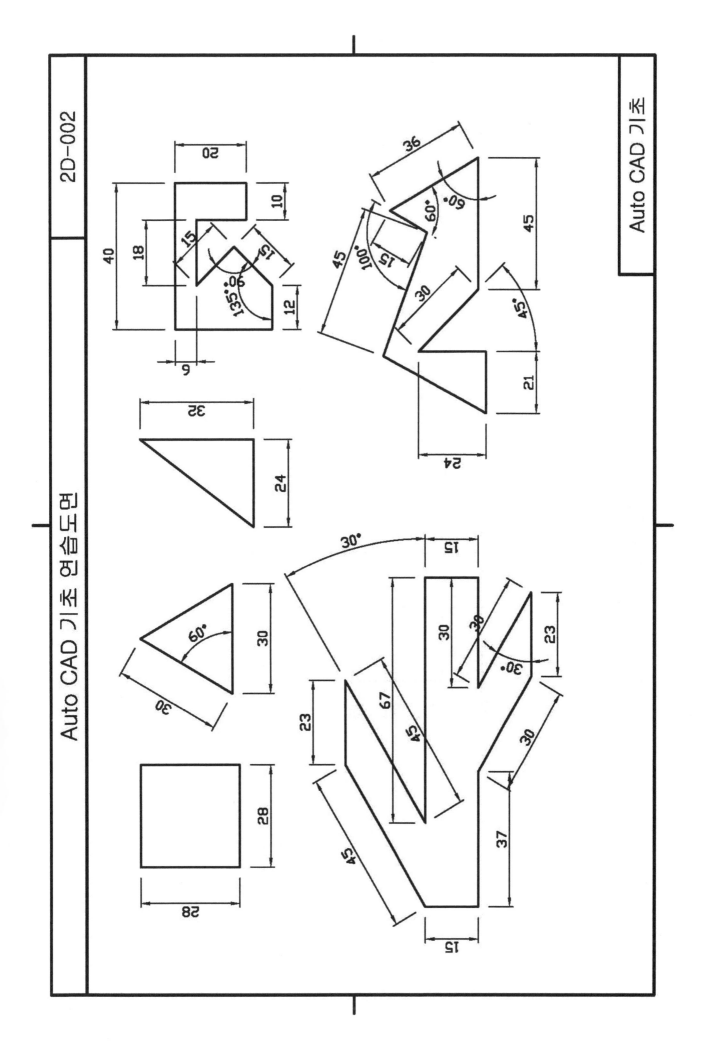

Auto CAD 기초

Auto CAD 기초 연습도면

7. 기초도면 예제　73

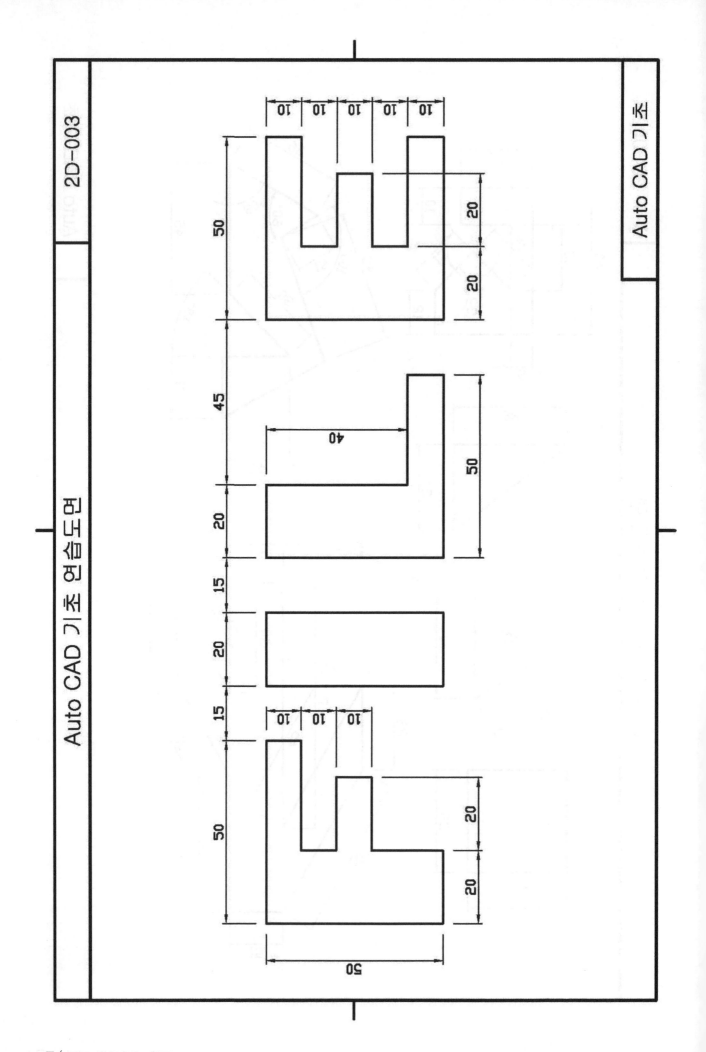

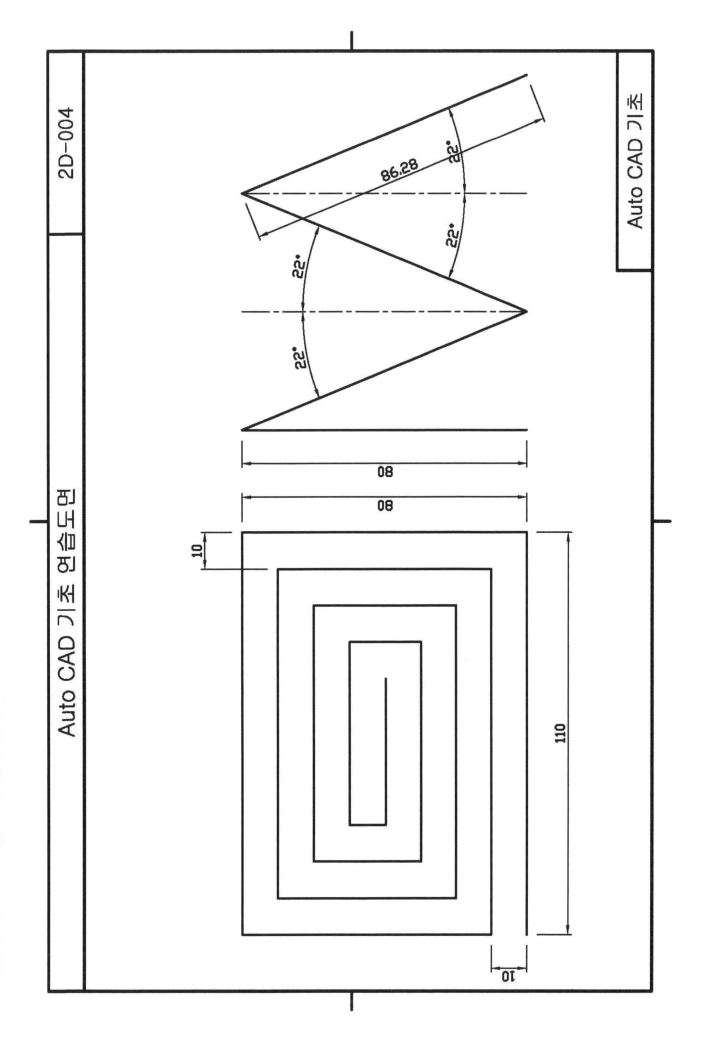

Auto CAD 기초 연습도면

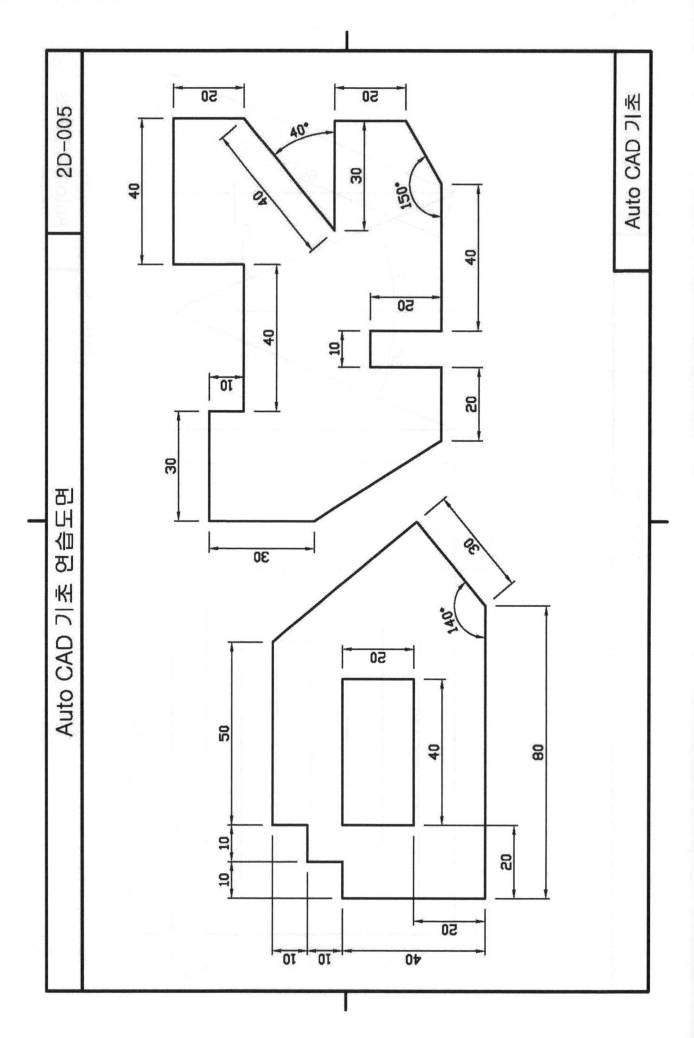

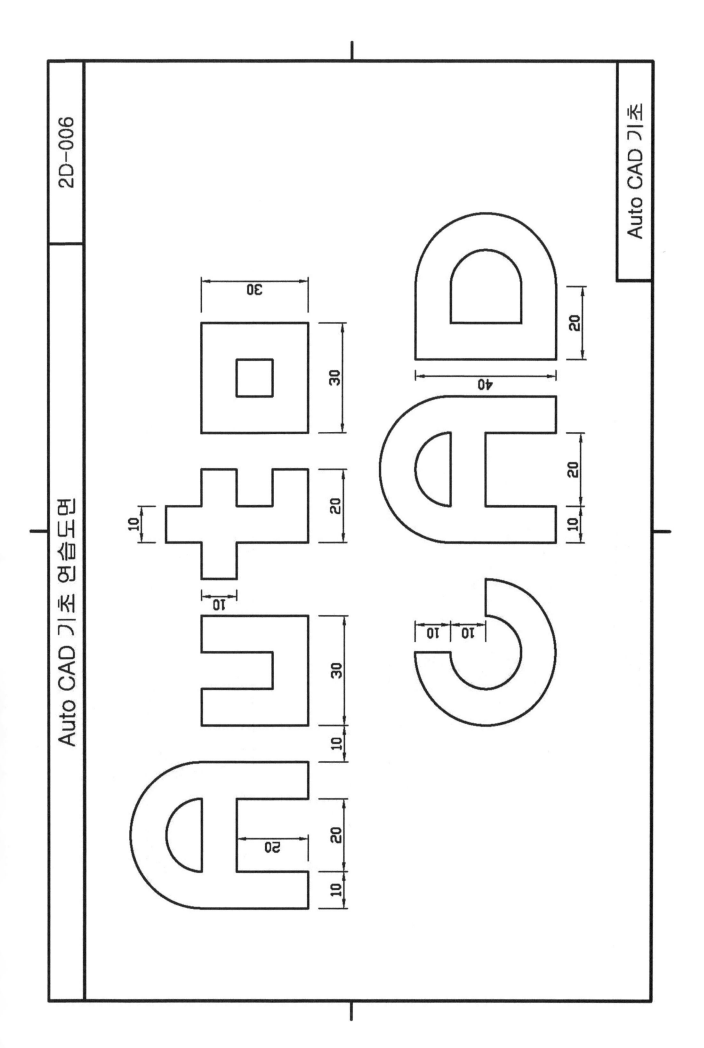

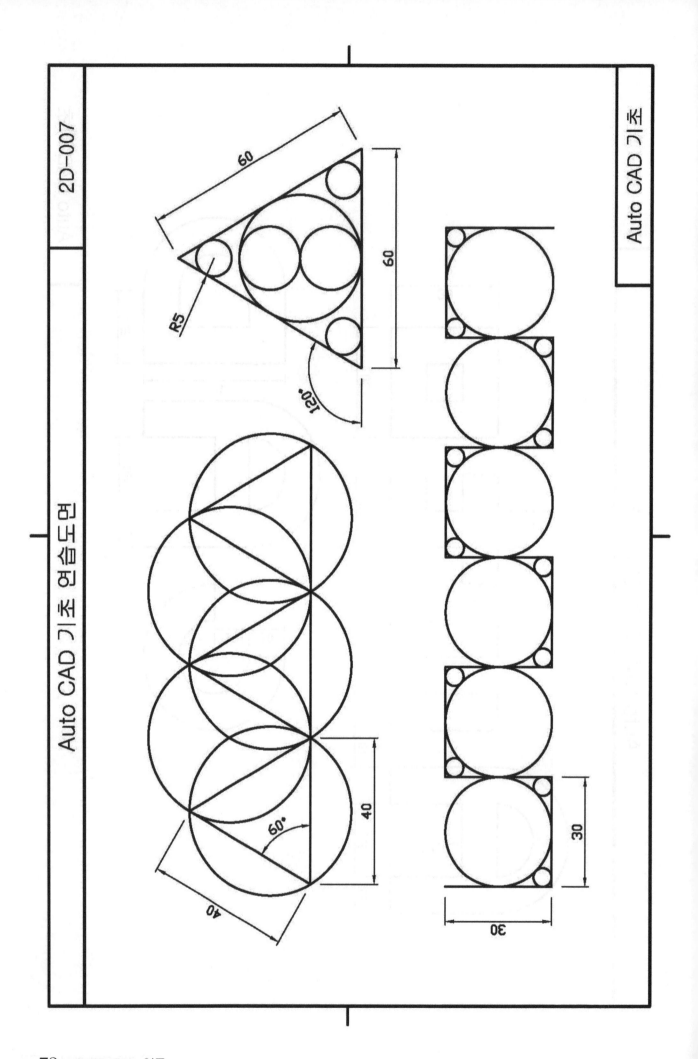

Auto CAD 기초 연습도면

Auto CAD 기초 연습도면

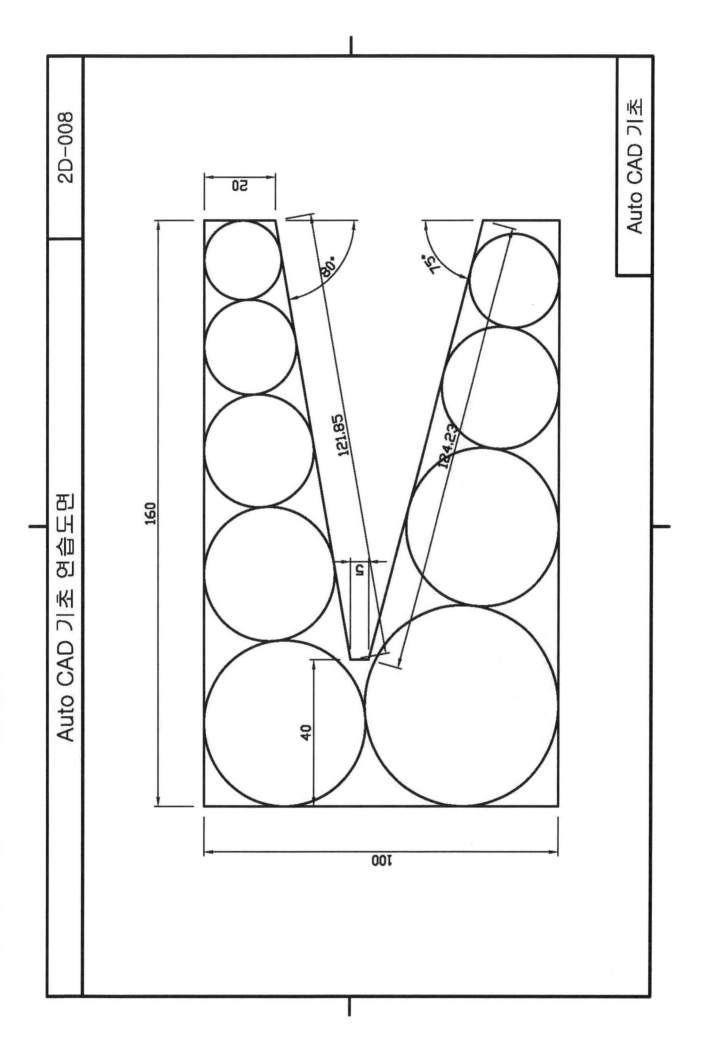

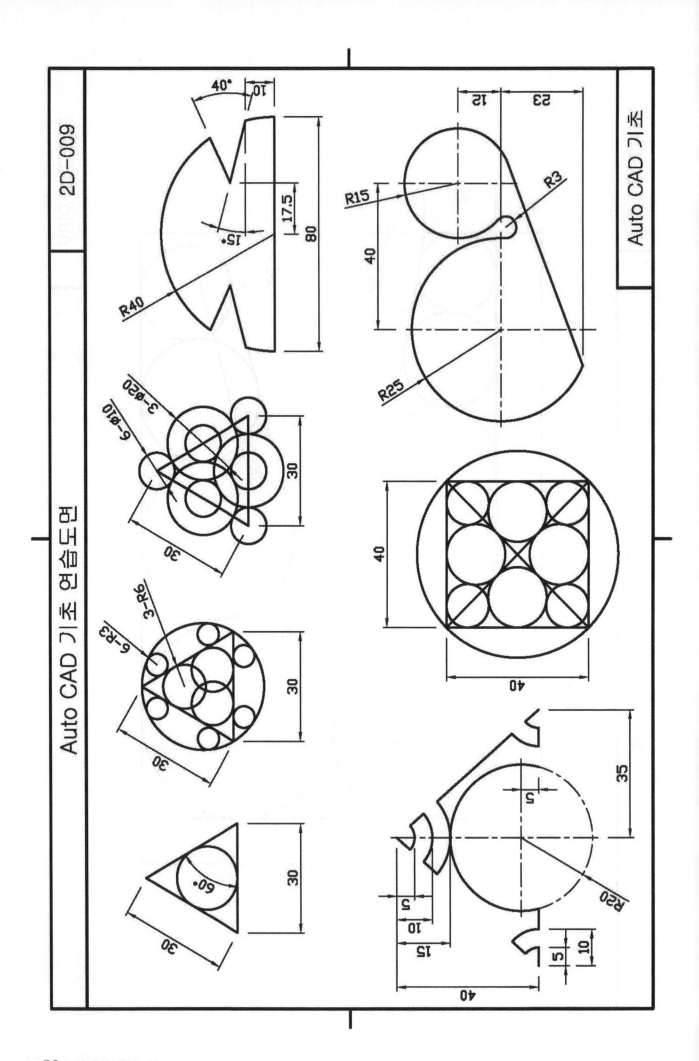

Auto CAD 기초 연습도면

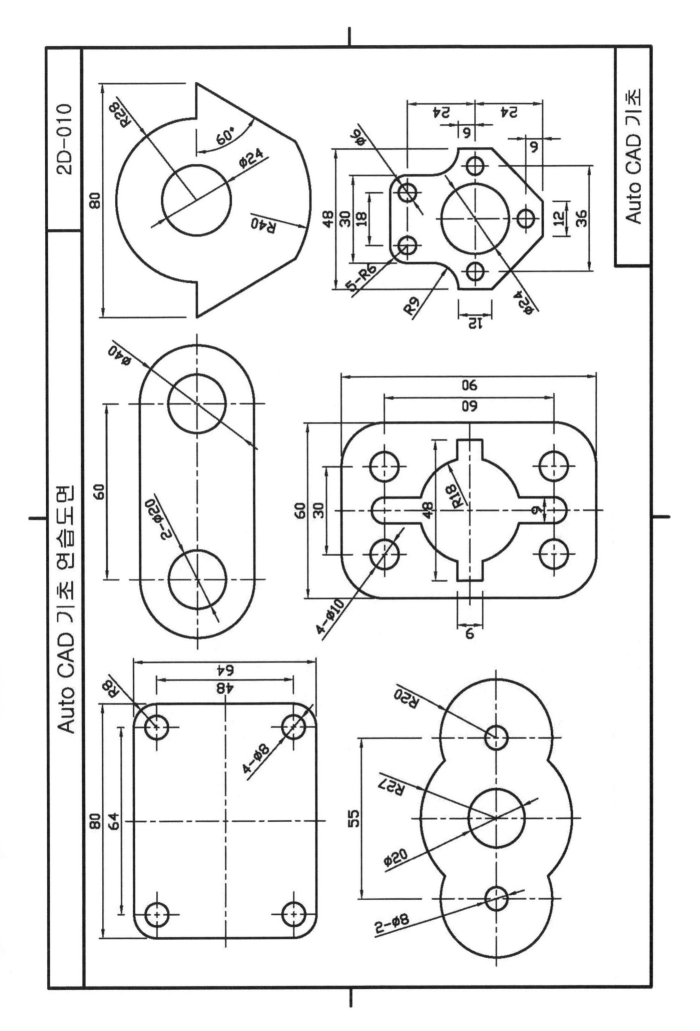

Auto CAD 기초 연습도면

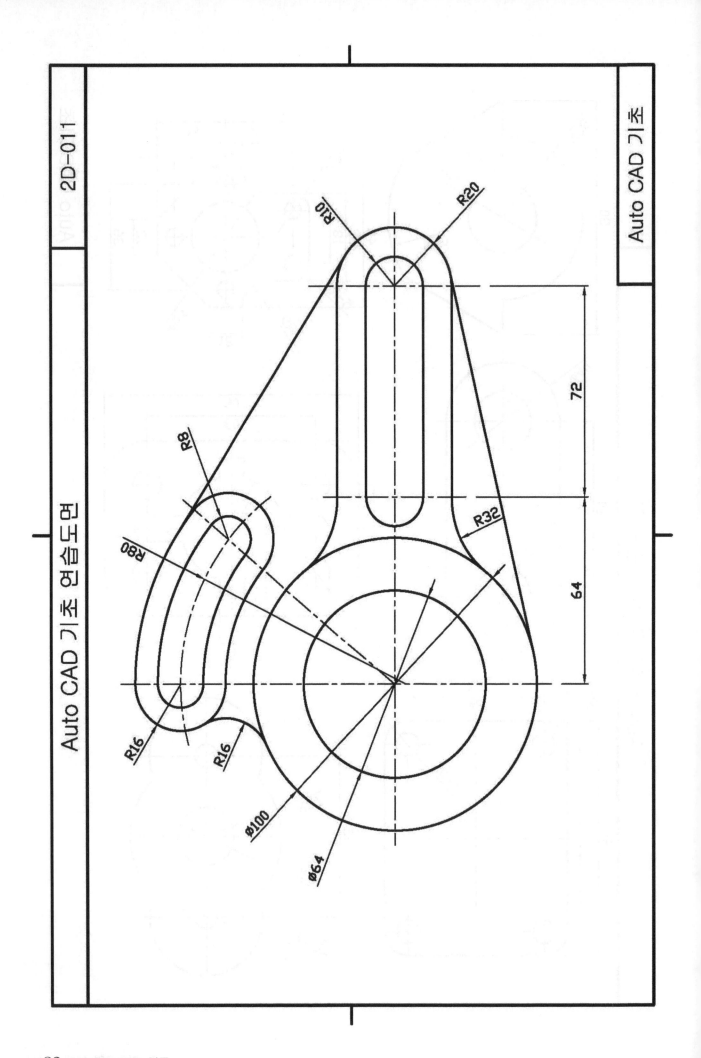

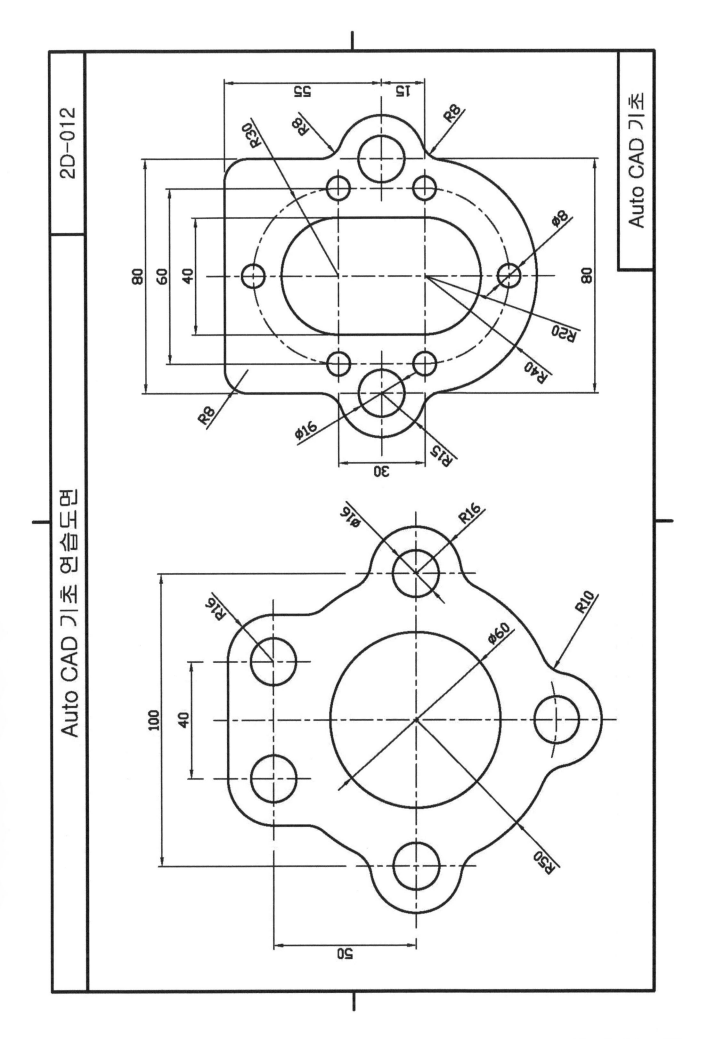

Auto CAD 기초 연습도면

Auto CAD 기초 연습도면

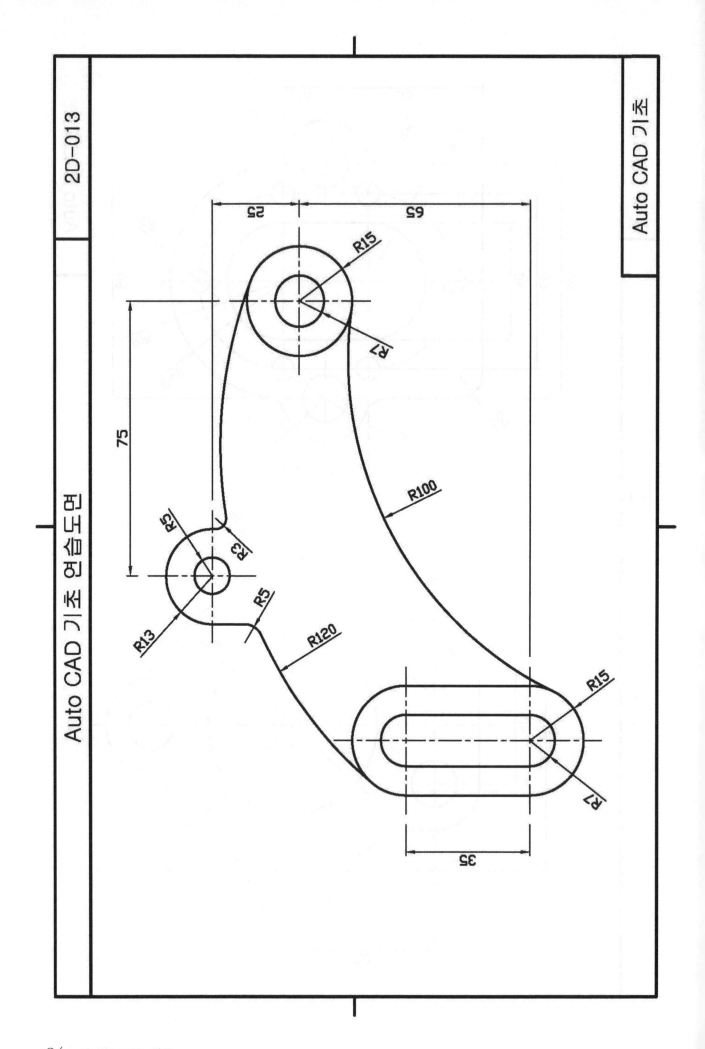

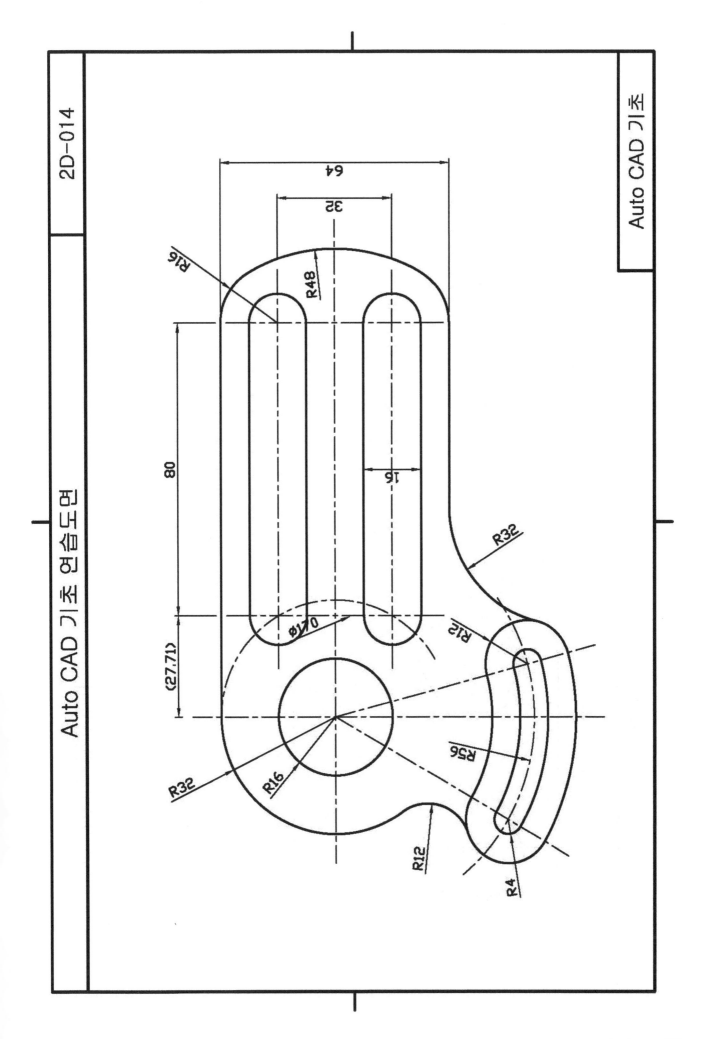

Auto CAD 기초 연습도면

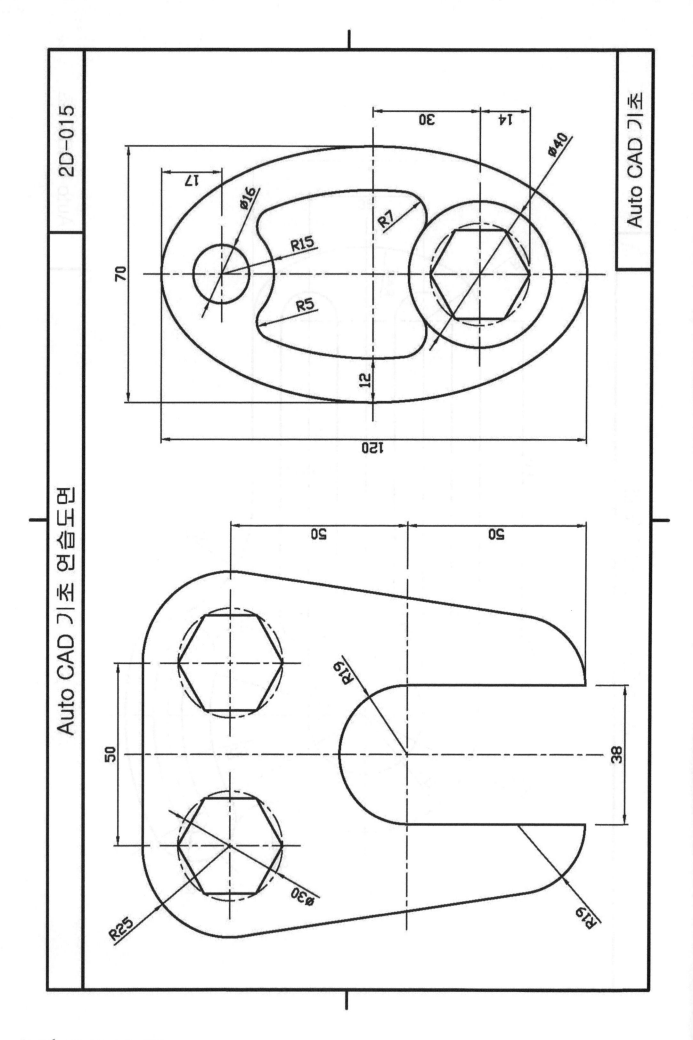

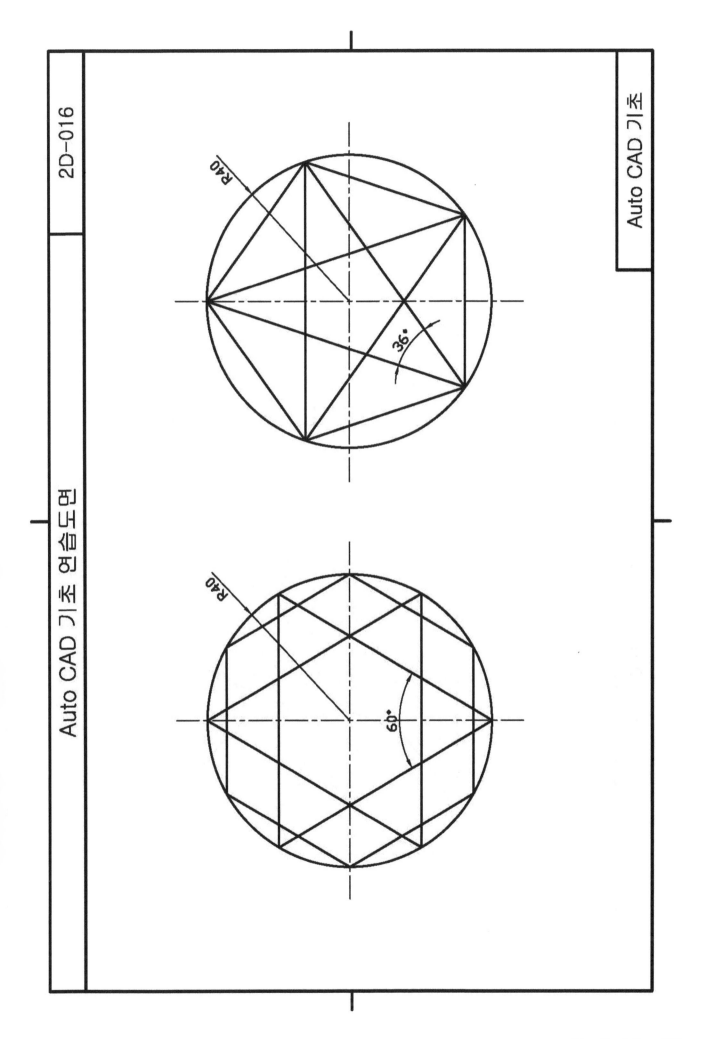

Auto CAD 기초 연습도면

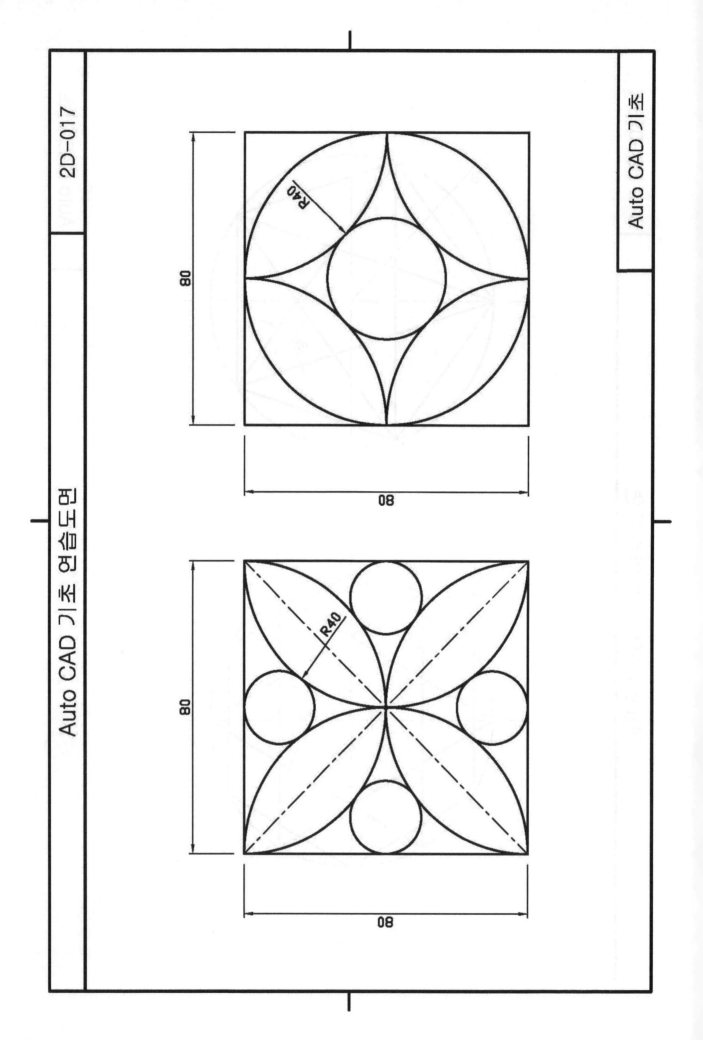

Auto CAD 기초 연습도면

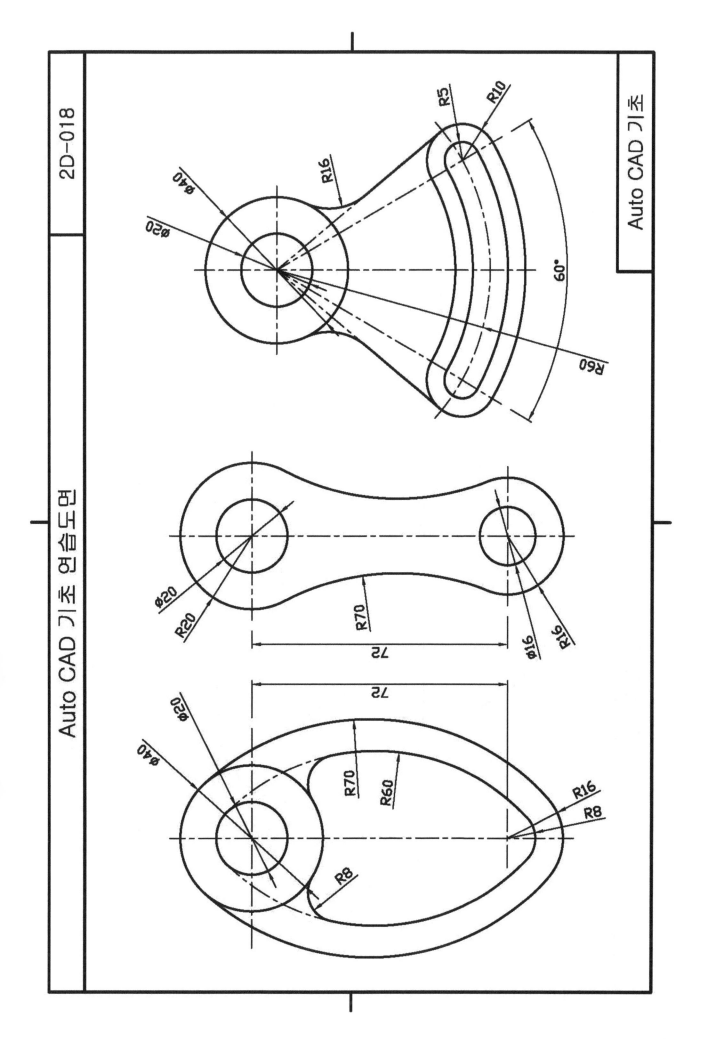

Auto CAD 기초 연습도면

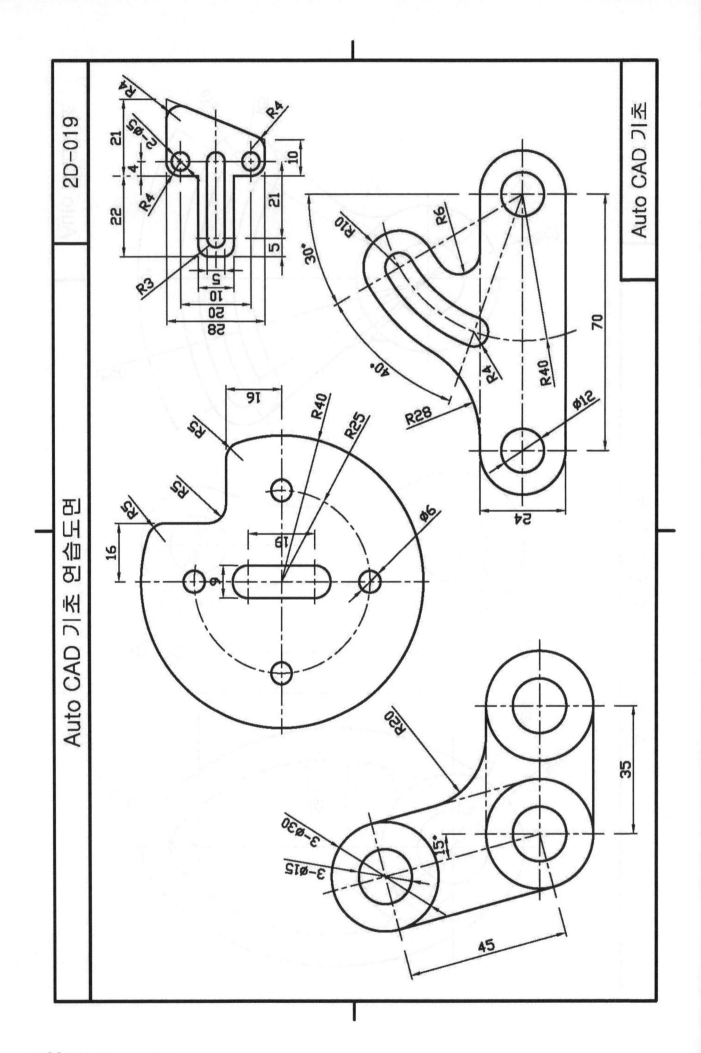

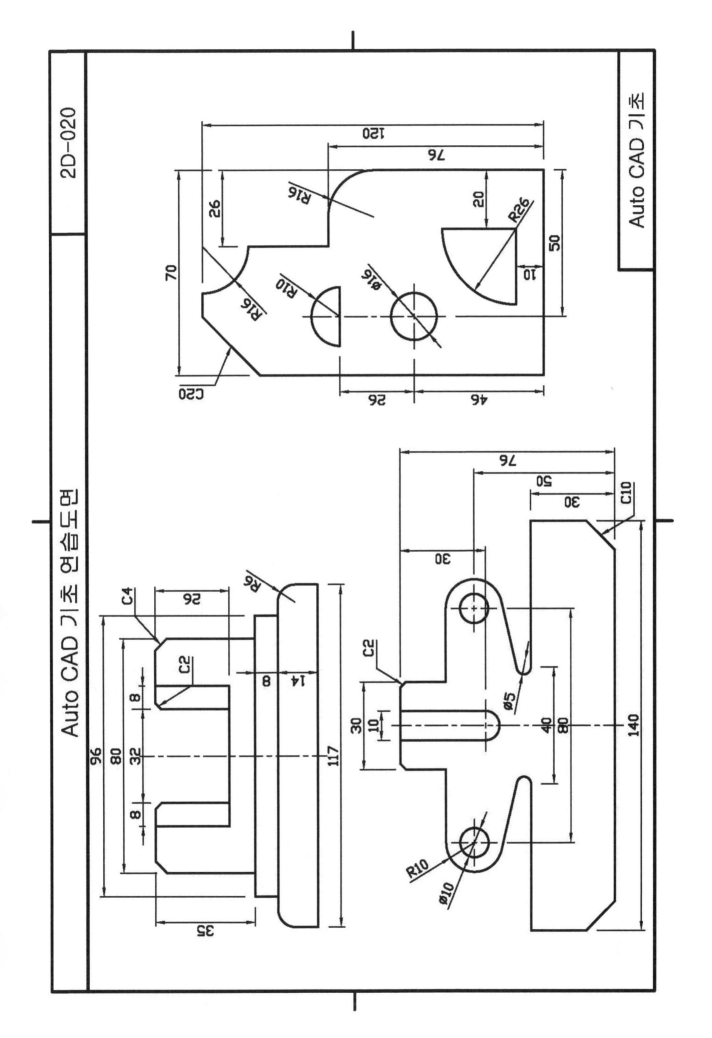

Auto CAD 기초

Auto CAD 기초 연습도면

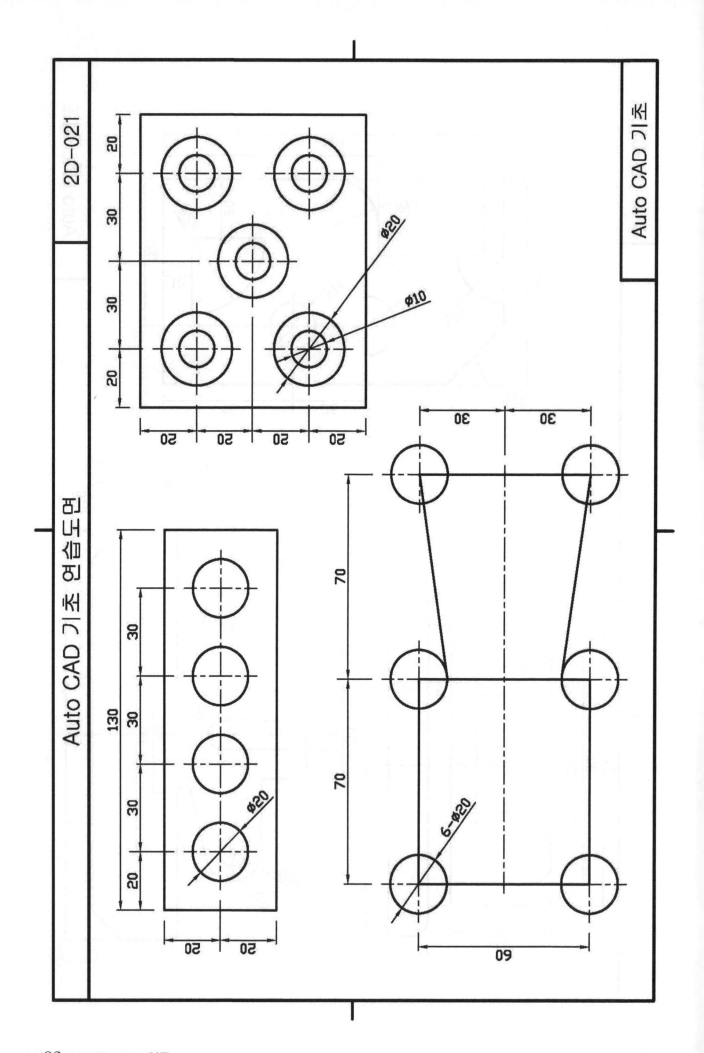

Auto CAD 기초 연습도면

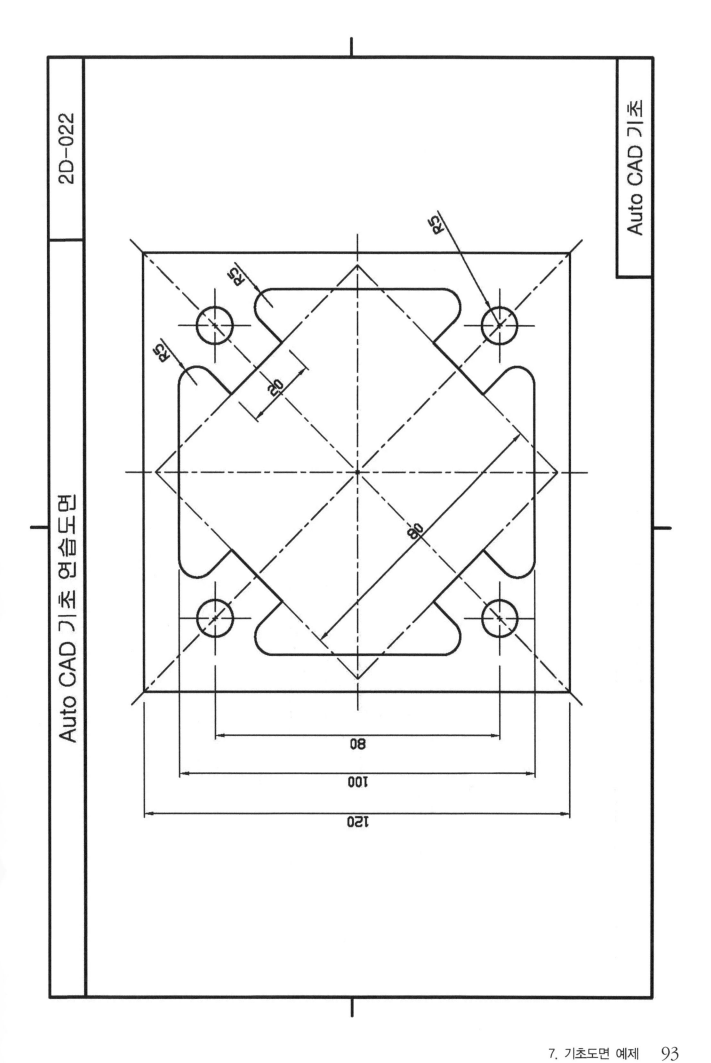

R5

R5

R5

20

80

80

100

120

Auto CAD 기초 연습도면

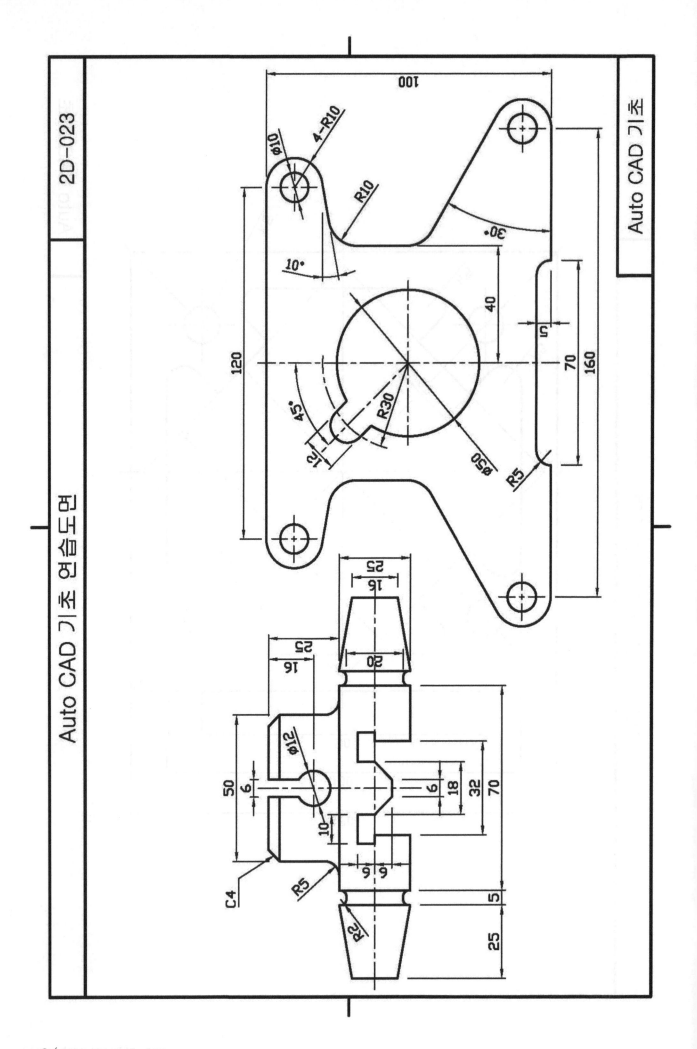

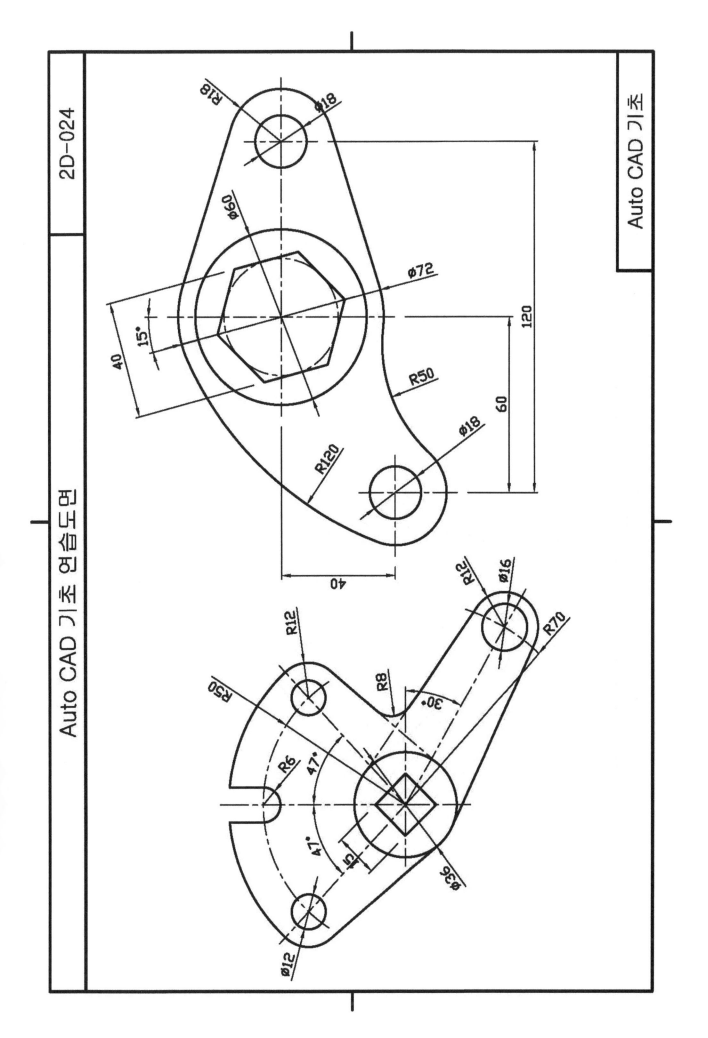

Auto CAD 기초 연습도면

Auto CAD 기초

Auto CAD 기초 연습도면

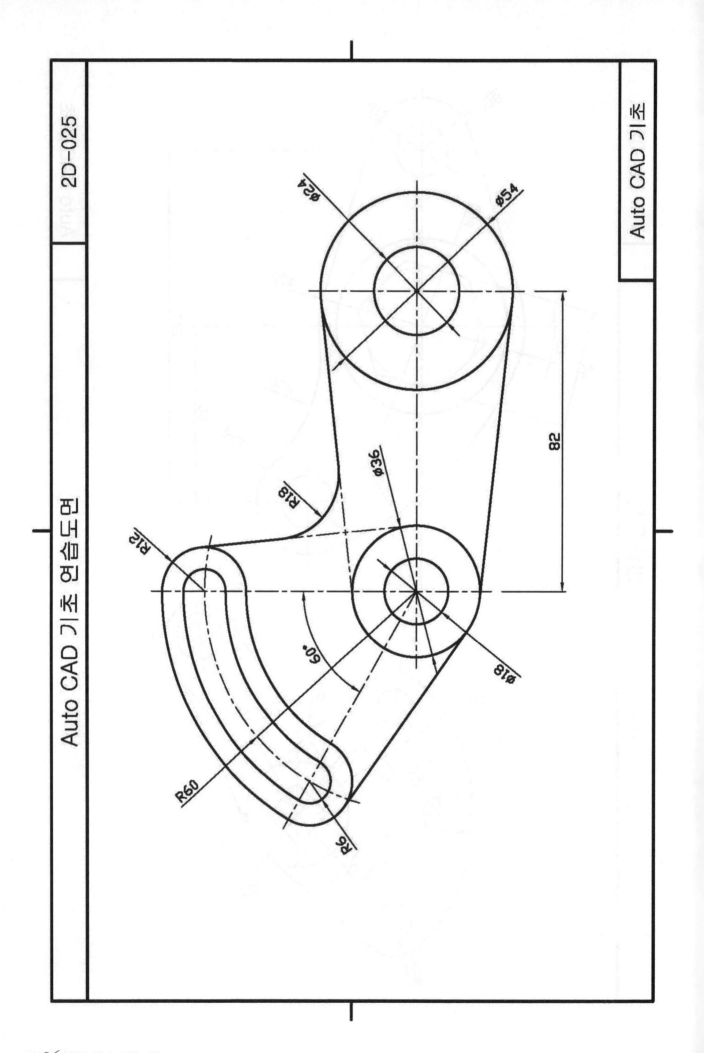

ø24

ø54

ø36

R18

R12

82

60°

ø18

R60

R6

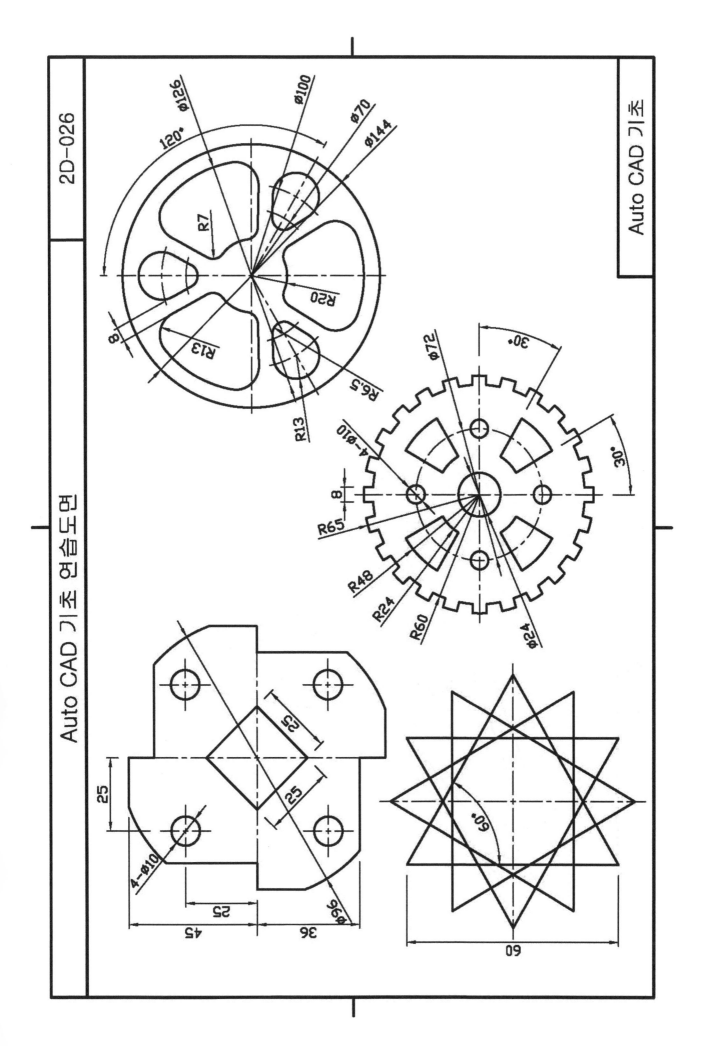

Auto CAD 기초 연습도면

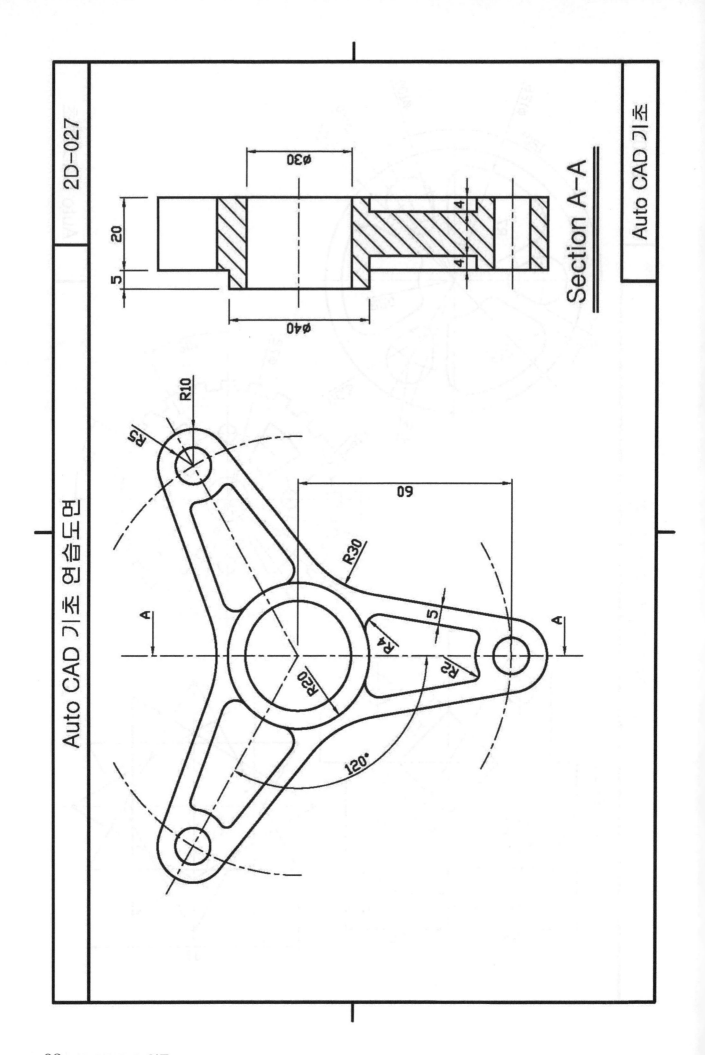

Section A–A

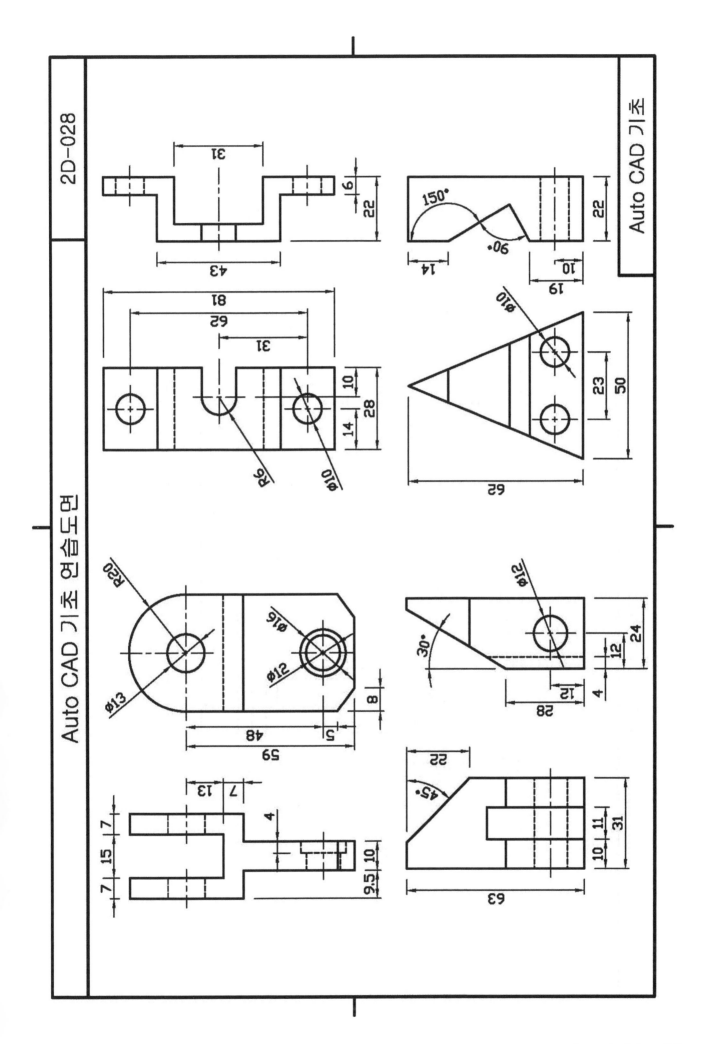

Auto CAD 기초 연습도면   Auto CAD 기초

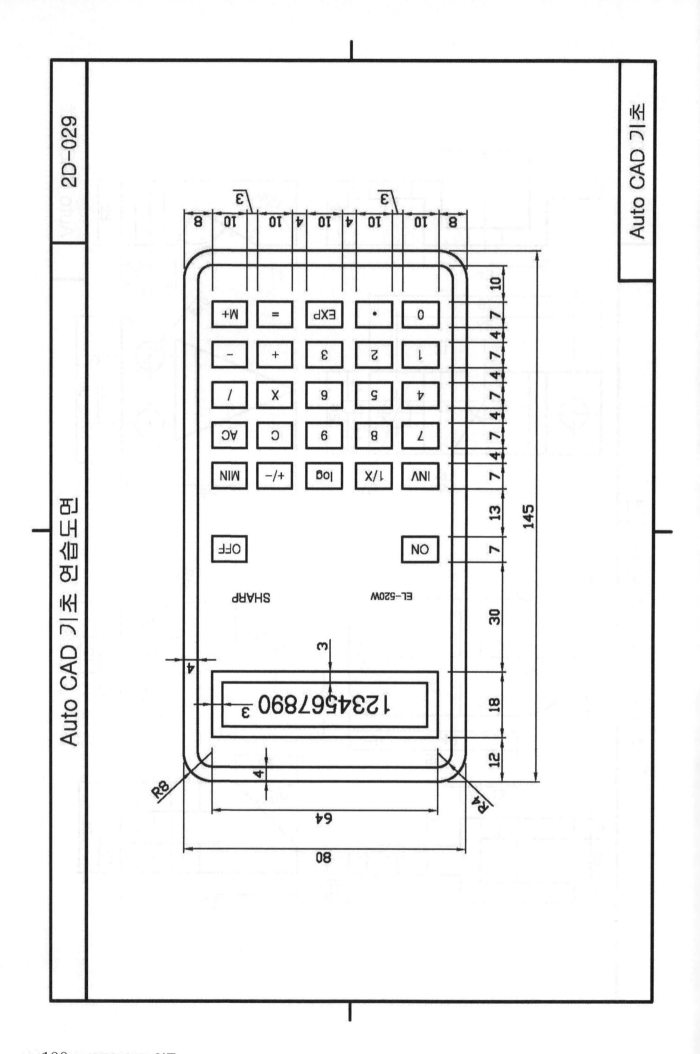

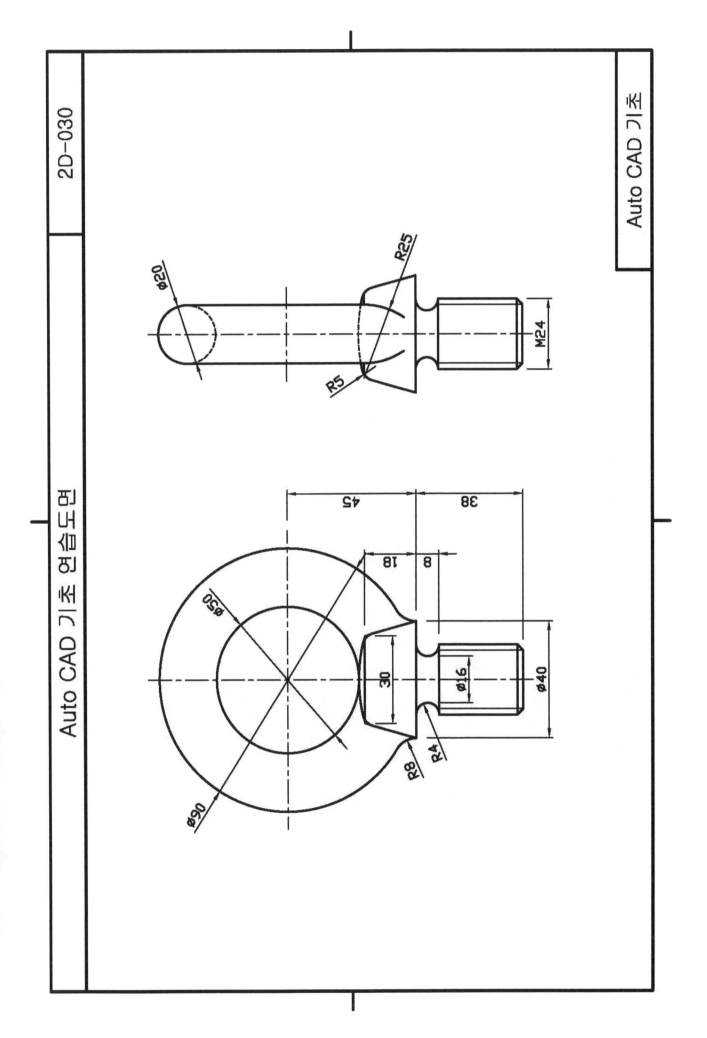

Auto CAD 기초 연습도면

Auto CAD 기초 연습도면

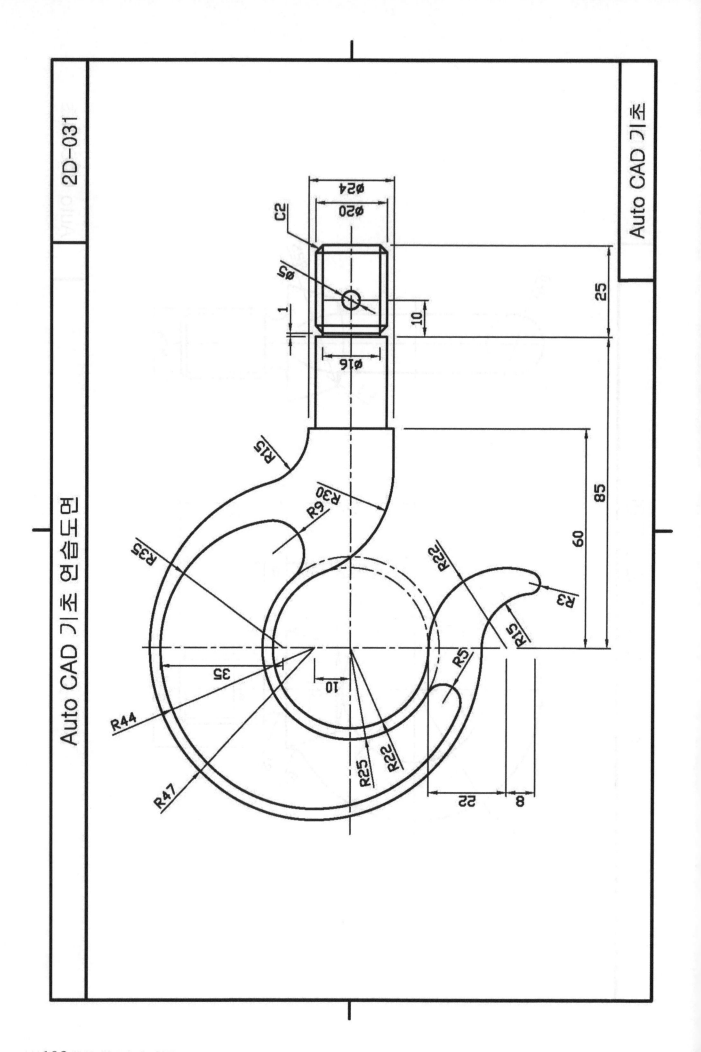

Auto CAD 기초

Auto CAD 기초 연습도면

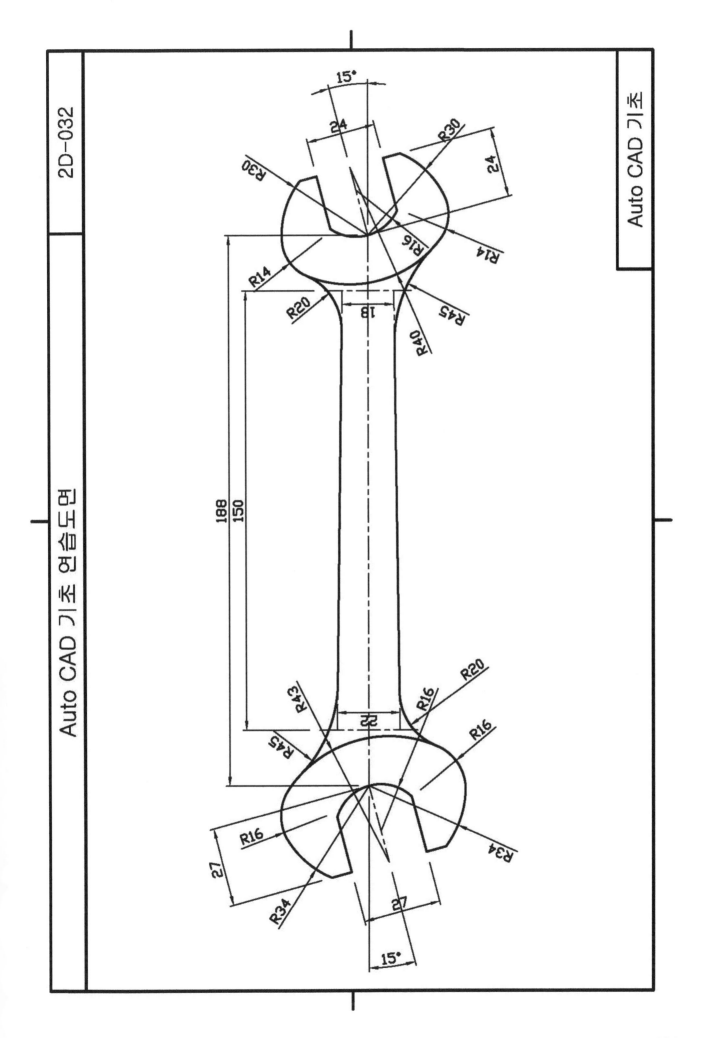

8. 전산응용기계제도 실습문제

AUTOCAD입 문

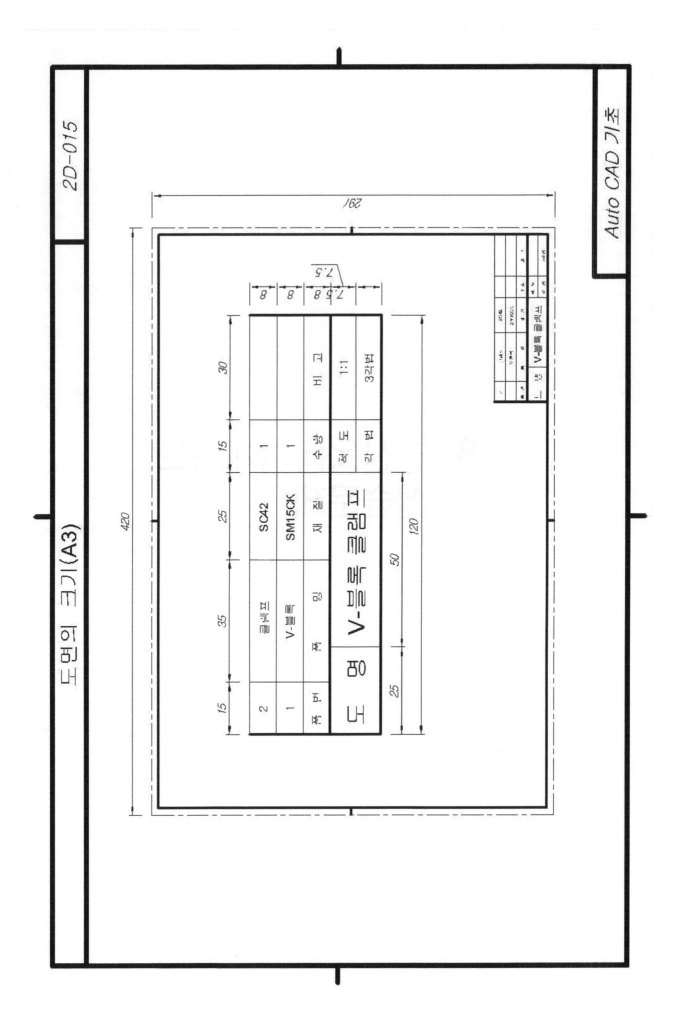

품번	품 명	재 질	수 량	비 고
1	V-블록	SM15CK	1	1:1
2	클램프	SC42	1	3각법

| 도 명 | V-블록 클램핑 부품도 | 척 도 | 3각법 |

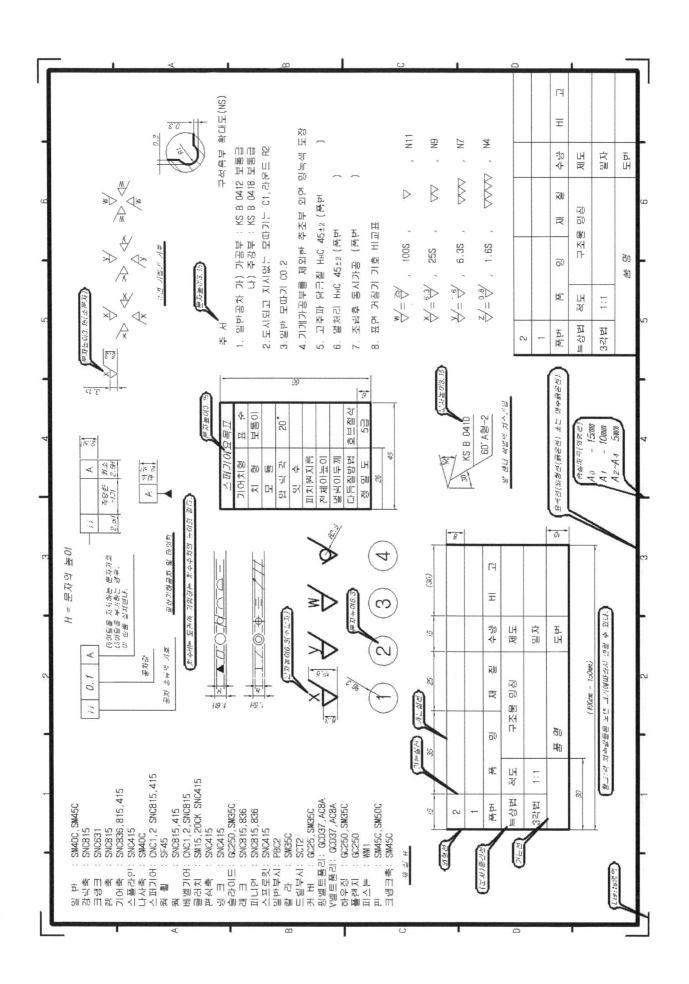

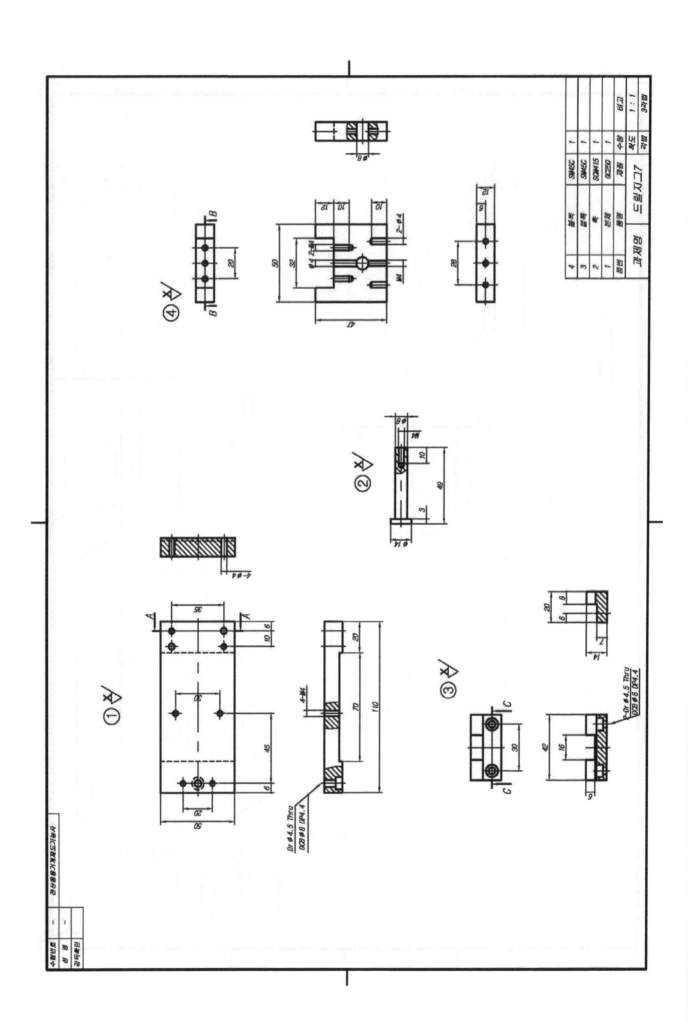

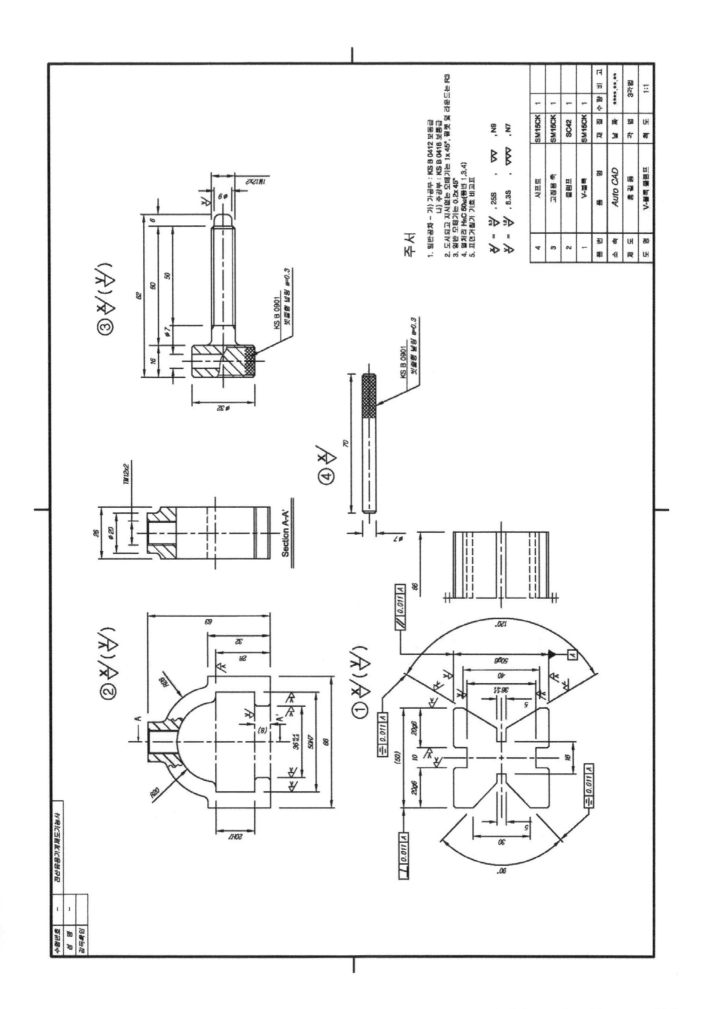

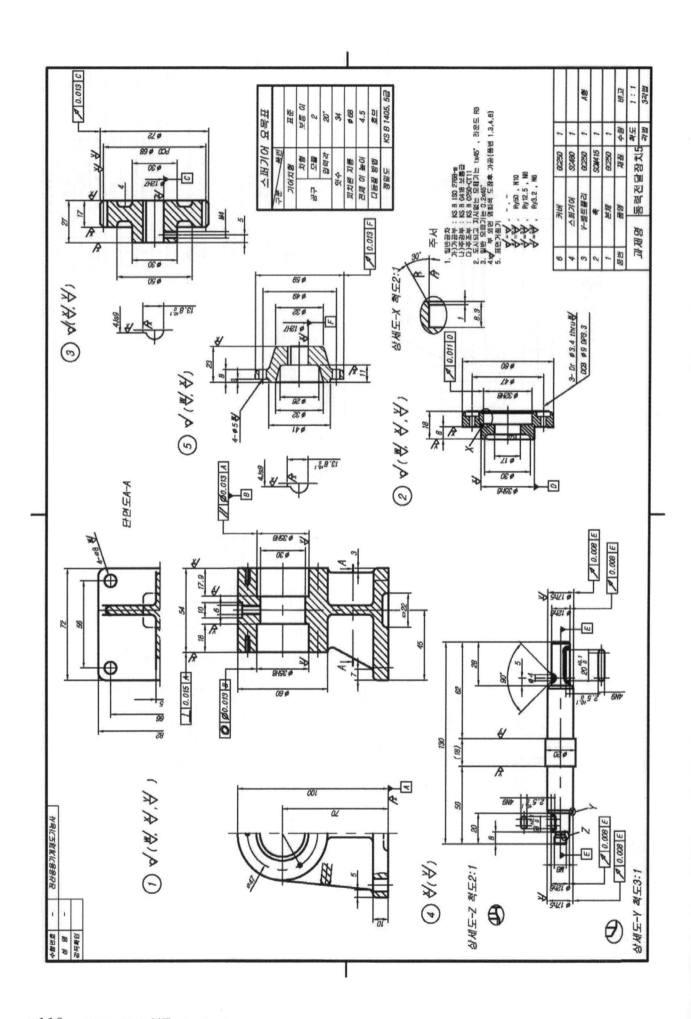

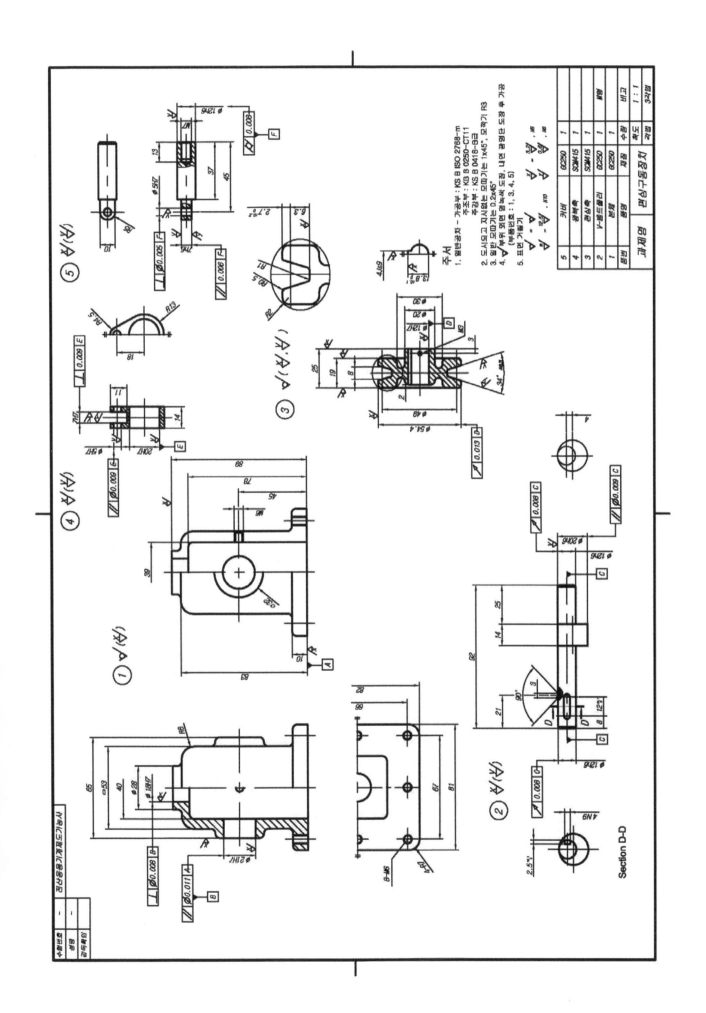

주서
1. 일반공차 - 가공부 : KS B ISO 2768-m
   주조부 : KS B 0250-CT11
   주강부 : KS B 0418-B급
2. 도시되고 지시없는 모따기는 0.2x45°
3. 일반 머머가는 모따기는 1x45°, 모따기 R3
4. ▽ 부위 외면 열녹색 도장, 나면 광명단 도장 후 가공
5. 표면 거칠기

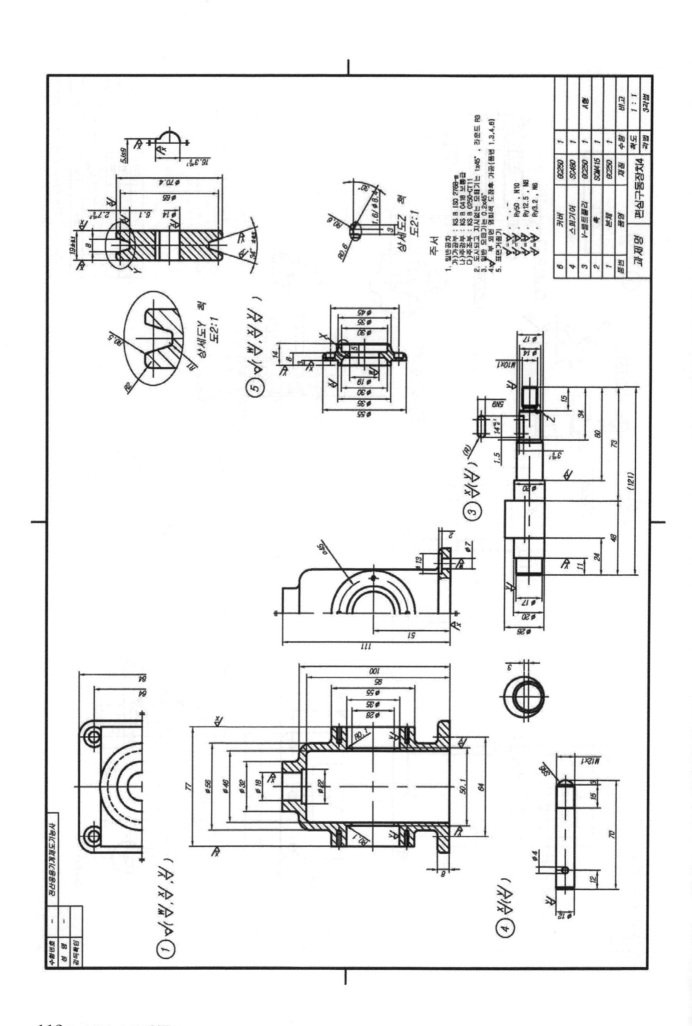

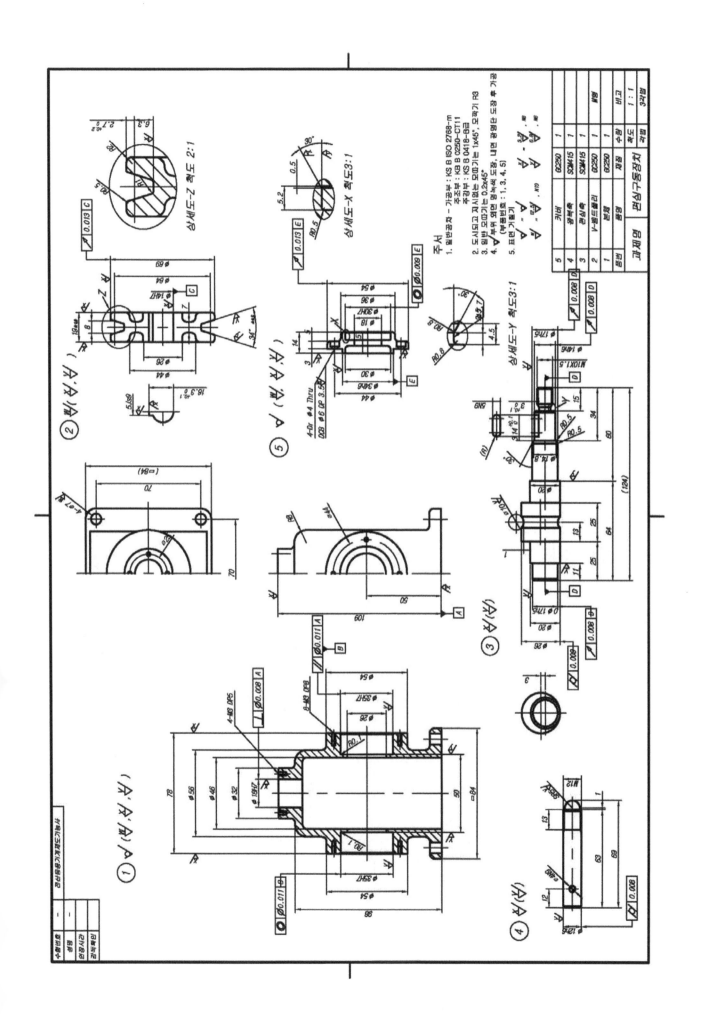

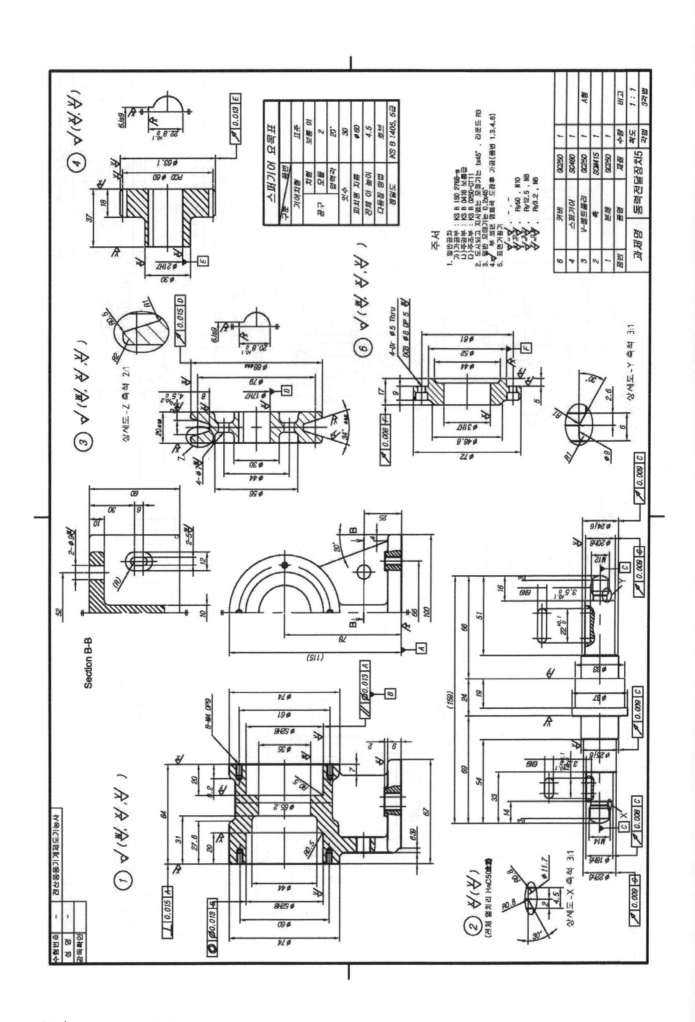

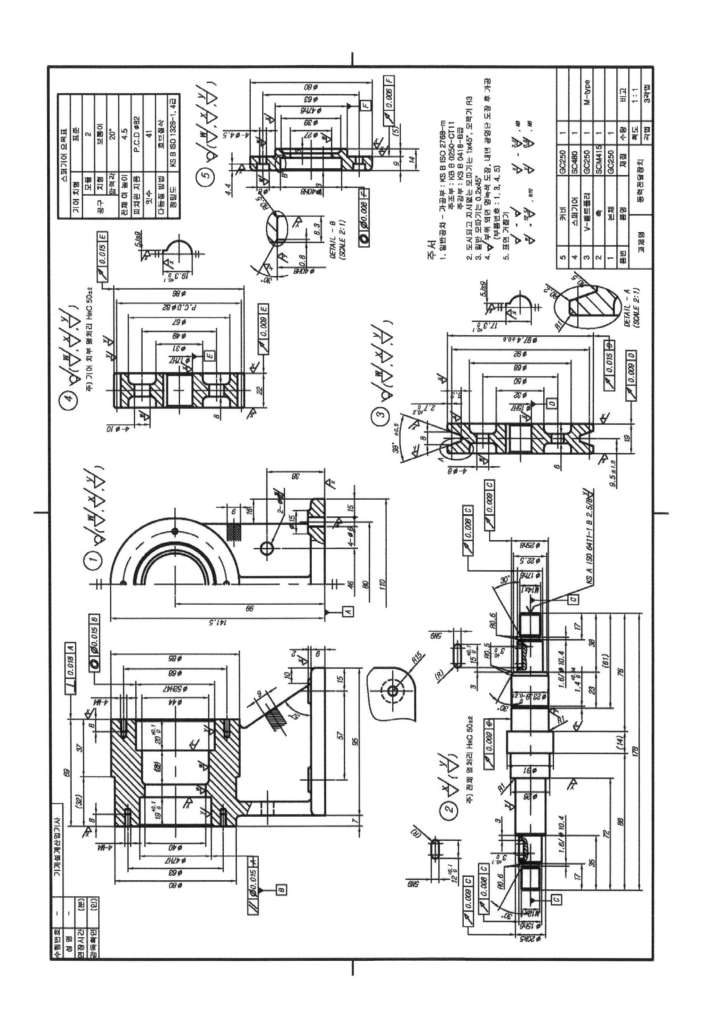

Auto CAD 입문

초판인쇄   2016년 09월 01일
초판발행   2016년 09월 07일

지은이 | 권대규 · 김중선 · 최성윤
펴낸이 | 노소영
펴낸곳 | 도서출판월송

등록번호 | 제25100-2010-000012
전화 | 031)855-7995
팩스 | 031)855-7996
주소 | 경기도 양주시 장흥면 가마골로 100번길 27

www.wolsong.co.kr
http://blog.naver.com/wolsongbook

ISBN | 978-89-97265-69-5 (93550)

정가 9,000원

좋은 출판사가 좋은 책을 만듭니다.
도서출판 월송은 진실된 마음으로 책을 만드는 출판사입니다.
항상 독자 여러분과 함께 하겠습니다.